全国高职高专电气类精品规划教材

电子制作实训

主　编　刘德旺　韦穗林

副主编　项盛荣　崔海良

U0217371

中国水利水电出版社

www.waterpub.com.cn

内容提要

本教材共分技能基础和实训课题两部分内容。技能基础分常用仪器仪表的使用，常见元器件的识别与检测，制作、焊接、安装工艺，测试、调试技术与故障检修四部分。实训课题包含小屏幕黑白电视机安装与调试；逻辑探笔和信号发生器的设计和制作；正弦波信号发生器的设计和制作；四路抢答器的设计和制作；遥控电视机全关机电路的设计和制作；一盏灯多开关控制器的设计和制作；红外线自动水龙头的设计和制作；声、光、延时控制路灯控制器的设计和制作；可调直流稳压电源的设计和制作等9个项目。

本教材适用于高职高专、中职电子信息类、电子电气和机电类专业的学生学习，也可以供大中专院校师生和有关工程技术人员参考。

图书在版编目（CIP）数据

电子制作实训/刘德旺，韦穗林主编. —北京：中国水利水电出版社，2004（2021.10 重印）
全国高职高专电气类精品规划教材
ISBN 978-7-5084-2318-0

I. 电… II. ①刘…②韦… III. 电子器件-制作-高等学校：技术学校-教材 IV. TN

中国版本图书馆 CIP 数据核字（2004）第 079128 号

书　名	全国高职高专电气类精品规划教材 **电子制作实训**	
作　者	主编　刘德旺　韦穗林	
出版发行	中国水利水电出版社 （北京市海淀区玉渊潭南路 1 号 D 座　100038） 网址：www. waterpub. com. cn E-mail：sales@waterpub. com. cn 电话：（010）68367658（营销中心）	
经　售	北京科水图书销售中心（零售） 电话：（010）88383994、63202643、68545874 全国各地新华书店和相关出版物销售网点	
排　版	北京安锐思技贸有限公司	
印　刷	北京市密东印刷有限公司	
规　格	184mm×230mm　16 开本　14.5 印张　286 千字　1 插页	
版　次	2004 年 8 月第 1 版　2021 年 10 月第 10 次印刷	
印　数	29101—30600 册	
定　价	**45.00 元**	

凡购买我社图书，如有缺页、倒页、脱页的，本社营销中心负责调换

版权所有·侵权必究

序

　　教育部在《2003-2007年教育振兴行动计划》中提出要实施"职业教育与创新工程"，大力发展职业教育，大量培养高素质的技能型特别是高技能人才，并强调要以就业为导向，转变办学模式，大力推动职业教育。因此，高职高专教育的人才培养模式应体现以培养技术应用能力为主线和全面推进素质教育的要求。教材是体现教学内容和教学方法的知识载体，进行教学活动的基本工具；是深化教育教学改革，保障和提高教学质量的重要支柱和基础。因此，教材建设是高职高专教育的一项基础性工程，必须适应高职高专教育改革与发展的需要。

　　为贯彻这一思想，2003年12月，在福建厦门，中国水利水电出版社组织全国14家高职高专学校共同研讨高职高专教学的目前状况、特色及发展趋势，并决定编写一批符合当前高职高专教学特色的教材，于是就有了《全国高职高专电气类精品规划教材》。

　　《全国高职高专电气类精品规划教材》是为适应高职高专教育改革与发展的需要，以培养技术应用为主线的技能型特别是高技能人才的系列教材。为了确保教材的编写质量，参与编写人员都是经过院校推荐、编委会答辩并聘任的，有着丰富的教学和实践经验，其中主编都有编写教材的经历。教材较好地反映了当前电气技术的先进水平和最新岗位资格要求，体现了培养学生的技术应用能力和推进素质教育的要求，具有创新特色。同时，结合教育部两年制高职教育的试点推行，编委会也对各门教材提出了满足这一发展需要的内容编写要求，可以说，这套教材既能适应三年制高职高专教育的要求，也适应两年制高职高专教育的要求。

《全国高职高专电气类精品规划教材》的出版，是对高职高专教材建设的一次有益探讨，因为时间仓促，教材可能存在一些不妥之处，敬请读者批评指正。

《全国高职高专电气类精品规划教材》编委会

2004 年 8 月

前　言

　　本教材依据高等职业技术教育培养高级操作型、应用型技术人才的培养目标，根据毕业生岗位能力的要求，兼顾到电子、电子电器等行业相关技术工种等级鉴定的一般要求，着力于学生实践操作技能的训练编写的。编写中认真贯彻理论联系实际的原则，将基础理论学习和实践操作训练有机结合。在内容上深入浅出，在文字上语言简练、通俗易懂，力求便于自学和自行操作训练。具有较强的广泛性和实用性。读者对象为高职高专、中职的电类、计算机类、电子信息类学生及相关行业技术人员、无线电爱好者。

　　读者经过电子制作实训后，能获得以下基本技能的培养：合理准确使用电子仪器、仪表；熟练使用 EWB5.12、Multisim2001、Protel99se 等 EDA 软件进行电子电路的设计和分析；熟练、合理选择元器件及其准确检测；掌握电子电路、电子产品的设计、安装、调试和制作的基本方法和技能；具有电子电路、电子产品的故障检修技能，具有解决电子技术工程实际问题的能力和设计创新能力。

　　本教材力求反映当前电子行业的新技术、新产品和新知识；实训课题中对利用 EWB5.12、Multisim2001、Protel99se 等软件进行仿真实验、电路设计和数据分析提出了具体要求。

　　本教材共分 6 章，第 1～4 章为技能基础，第 5、6 章为实训课题。第 1 章、第 6 章中 6.4、6.5、6.6 节由长江工程职业技术学院项盛荣编写，第 2 章、第 6 章中 6.1、6.2、6.3 节由广西水利电力职业技术学院韦穗林编写，第3章、第5章、第6章中6.7节由福建水利电力职业技术学院刘德旺编写，第4章、第6章中6.8节由河北工程技术高等专科学校崔海良编写。全书由刘德旺、韦穗林担任主编。

由于编者理论水平和实践经验有限，书中错漏和不妥之处在所难免，欢迎读者批评指正。

编　者

2004 年 8 月

目录

第 1 章

常用仪器的使用

在制作电子产品时，需要用仪表选择元器件、测量有关数据和波形。而要使测量数据准确，就需要合理地选择仪表，正确地操作仪表，因此，在制作电子产品之前，我们先学习一下常用仪器的使用。

1.1 万 用 表

万用表是电子工作者最常用的仪表，分指针式和数字式两大类。市场上各式各样的万用表很多，可价格、功能和性能却相差很大，因此我们必须合理地选用。

1.1.1 指针式万用表

1.1.1.1 合理选用

1. 测量准确度要高

我国制定的国家标准 GB 776—76《电测量指示仪表通用技术条件》中规定，仪表的准确度分为 0.1、0.2、0.5、1.0、1.5、2.5 和 5.0 共七个等级。准确度等级表明了仪表基本误差的大小，愈小愈好。例如，2.5 级准确度即表示基本误差为 ±2.5%，比 5.0 级好。

2. 电压灵敏度要高

电压灵敏度是指万用表电压挡的内阻与满量程的比值（单位是 Ω/V 或 kΩ/V），愈大则表示电压灵敏度愈高，测量电压时测量误差就愈小。当万用表电压挡内阻比被测电源内阻大 100 倍时，其对测量结果的影响可忽略不计。值得指出的是同一个万用表其直流电压挡与交流电压挡的电压灵敏度不尽相同，通常前者较大。例如，500 型万用表直流电压挡灵敏度为 20kΩ/V，交流电压挡灵敏度为 4kΩ/V。

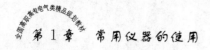

3. 电流挡的内阻要低

测量电流时，万用表被串接在待测电路中，若其电流挡内阻愈小，则测量误差愈小。值得指出的是，对于同一个万用表而言，电流挡量程越大，其内阻就越小，测量误差就越小。当电流挡内阻为被测电路总电阻的1%时，万用表对测量精度的影响可忽略不计。

4. 功能要多、量程要宽

选用万用表时要留意其测试功能的多少及量程范围的宽窄，可以参照表1-1考虑。

表 1-1   **万用表的测试功能与测量范围**

测 试 功 能		测 量 范 围
基本功能	直流电压 DCV	$0\sim500V$（2.5kV）
	直流电流 DCA	$0\sim500\mu A$（$0\sim5A$）
	交流电压 ACV	$0\sim500V$（$0\sim2.5kV$）
	交流电流 ACA	（$0\sim5A$）
	电阻（Ω）	$0\sim20M\Omega$（$0\sim200M\Omega$）
	音频电平（dB）	$-20\sim0\sim+56dB$
扩展功能	电容 C	$1000pF\sim0.3\mu F$，$0\sim10000\mu F$
	电感 L	$0\sim1H$，$20\sim1kH$
	晶体管共发射极电流放大系数 h_{FE}	$0\sim200$，$0\sim300$，$0\sim500$
	负载电流 I_L	$0\sim I_M$（I_M 为电阻挡满度电流）
	负载电压 V_L	$0\sim1.5V$ $0\sim15V$
	音频功率 P（W）	$0.1\sim12W$，扬声器阻抗 $Z=8\Omega$
	电池负载电压 BATT	$0.9\sim1.5V$ 电池负载电阻 $R_L=12\Omega$
	蜂鸣器 BUZZ	当被测线路电阻小于 $1\sim10\Omega$ 时发声

5. 操作要简便、携带要方便

有些指针式万用表（VOM）采用"功能选择开关"、"量程选择开关"两者配合操作。而大多数的万用表仅用一只转换开关，操作就较为简单。

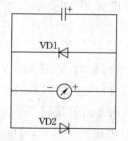

图 1-1 表头过载保护装置

近年来，万用表以国际流行的折叠式、卡装式、超薄型等款式冲破了万用表传统的便携式、袖珍式的束缚，使万用表成为操作者的"掌中宝"，携带十分便利。

6. 过载保护能力要强

指针式万用表普遍采用双重过载保护措施，即利用熔断丝管作为线路过载保护装置及利用图1-1所示的硅二极管 VD1、VD2 等作为测量机构（表头）过载保护装置。但是要注意：即使加有过载保护装置，仍有烧毁表头的可能。所以，操作者仍务必小心谨慎，避免出错。

操作者选购指针式万用表时可以参照上述原则综合考虑。建议，不必追求"尽善尽美、功能齐全"，以"够用为度、物尽其用"为好。

1.1.1.2 操作技术

由于万用表在使用时经常变换量程或功能，稍有不慎，不是损坏表内器件，就是烧毁表头，甚至还会危及人身安全。所以，对于如何正确使用万用表，操作者务必引起足够重视。要养成良好习惯，要形成动作规范。

1. 使用之前

（1）理解万用表刻度盘上符号及刻度的含义，正确使用和存放。例如符号"⃞"其含义为"水平放置使用"，否则会引起倾斜误差。符号"Ⅱ 或 Ⅱ"其含义为"二级防外磁场"。若在强磁场中使用万用表，会增大测量误差。把万用表放在铁质工作台面上，亦会产生指示误差。这就提醒我们要注意使用万用表的环境条件。例如，在潮湿的环境中存放和使用万用表，可能导致表内元器件霉坏变质，仪表绝缘强度下降。在强烈冲击和震动的环境中使用万用表，可能导致仪表内部磁钢退磁，灵敏度下降——"环境条件要注意"。

（2）熟悉万用表转换开关、表盘刻度、表笔和插口的作用。例如，要熟悉万用表的功能选择开关、量程选择开关。明确所用仪表的测量功能有哪些？最高量程和最低量程各是多少？表笔插口"＊"、"＋"、"－"、"2500V"是何含义？

（3）核对万用表转换开关所对应的"功能选择"与"量程选择"位置。无论所用万用表是采用几个转换开关，"功能"选择与"量程"大小切记不能弄错！一要"正确"，二要"合宜"。如误用"直流电流"挡去测"直流电压"，一出手就可能烧坏表。特别是操作者在根据被测电量频繁变换"功能"与"量程"开关时，更是容易出错。所以操作者一定要养成良好的习惯——"出手之前细核对"。

选择量程时尽量估测被测电量大小，使仪表指针指在该量程的 3/4 处左右，以提高测量精度。如果无法估测被测电量大小时，可先选择最大量程，用表笔去快速轻点接触，试测其大小，再确定选什么量程比较合宜——"功能量程需合宜"。

（4）调整万用表的"机械调零"与"电气调零"装置。正确使用万用表的调零装置是尽量减少误差、保证测量精度的基本操作技术之一。

万用表按规定（水平或垂直）放置且无待测电量输入时，如其表针仍未能指在机械零点，就应及时用螺丝刀进行"机械调零"，以减少零点误差。

如果所用万用表为提高灵敏度而装有"前置放大器"或者用万用表测直流电阻

时，均需要进行"电气调零"——"放大器调零"（AMP ADJ）或"欧姆调零"（OHM ADJ）。要求操作者严格按有关规定进行。值得强调的是，每逢变换量程时均要进行"调零"——"一换挡则调零"。

2. 使用之中

（1）在测量过程中切忌拨动量程开关。由于带电切换开关会产生电弧，特别是在测量较高电压（大于 200V）或较大电流（大于 0.5A）时更容易产生电弧，所以切忌在测量过程中拨动量程开关以免烧坏触点。

（2）测量电压时，应将万用表并联在被测电路的两端。测量大于 100V 的较高电压时，要注意安全。要养成单手操作的习惯：即先将一支表笔固定在被测电路的一端，然后，手握另一支表笔去接触测点——"单手操作才安全"。

在测量直流电压时，出手前要弄清两测试点的正、负极性，否则表针反向偏转极易被打弯。若事前无法弄清，可先将量程开关拨至最高直流电压挡，把一支表笔固定在一个测试点上，然后用另一表笔去快速碰触一下另一个测试点，根据表针偏转情况判断电压极性。最后再精确测量。

测量交流电压时，被测正弦交流电压失真度超过 5% 时，万用表测量误差会显著增大；被测正弦交流电压频率很高时，须将万用表黑表笔接被测电路公共地端，以免万用表与公共地端存在分布电容而影响测量精度；当测量带有感抗电路电压时（如日光灯镇流器两端压降），在切断被测电路电源之前，务必先行脱开万用表，以防止其产生的自感电动势损坏万用表。

不能直接测量方波、锯齿波、三角波、正负尖顶脉冲波等非正弦波电压。因万用表交流电压挡实际测出的是正弦交流半波整流后的平均值，而表盘刻度却是按正弦交流电压的有效值来标定的。若被测电压是非正弦波，其平均值与有效值的关系就会改变，显然测量误差很大。若被测电压是周期信号，只要能够分析清楚其与正弦交流信号的相互关系，当然也可借用此表进行测量。总之，要注意"表测交流是正弦"。

（3）测量电流时，应将万用表串联到被测电路中。测量电流时，若被测电路电源内阻和负载电阻都很小，则应尽量选择较大的电流量程，以降低直流电流挡内阻，减少仪表对被测电路的影响。

测量直流电流时同样要注意其正、负极性。若表笔接反，极易打弯表针。可以参照前述测量直流电压的方法处理。

（4）测量直流电阻时，应将万用表表笔跨接到被测电阻的两端。不可用两只手分别捏住两只表笔的金属表针去量测电阻阻值。这样，人体电阻会与被测电阻并联，导致测量结果错误。可采用单手操作方法，即一只手握两只表笔的杆部，另一只手捏住被测电阻的中部进行测量（不可如此测量热敏电阻阻值）。测量在线电阻阻值时，若被测电阻与其他元器件构成直流通路，要焊下一端后再测量——"测量电阻莫手连"。

不可在被测电路带电时测量电阻阻值。

不可在电解电容未曾被放电前用直流电阻挡检测其好坏。

不可用直流电阻挡去测电池的内阻。

不可用 $R \times 10k\Omega$ 挡（因为此挡大多采用 9V、12V、15V、22.5V 层叠电池）去检测耐压很低的元器件。

不可忽略每次更换直流电阻挡时应重新调整欧姆零点。如 $R \times 1$ 挡因连续使用不能调零时，应考虑更换表内 1.5V 电池。如有的万用表内有几节 1.5V 电池串联使用，切勿新旧电池混用。因旧电池内阻大会消耗新电池电能，造成浪费。

不可弄错直流电阻挡两只表笔的极性。与标有"＋"符号插座相连的红表笔接表内电池负极，与标有"－"符号插座相连的黑表笔接表内电池正极。以免测量晶体管、二极管、稳压管及电解电容等元器件时出错——"弄清表内正负极，检测器件总有益"。

不可忽略"中值电阻"的概念。选择合适量程，尽量使表针在表盘几何中心附近偏转，以提高测量精度。万用表直流电阻挡的刻度是非线性的，愈往高阻端刻度愈密，读数误差愈大。万用表该挡表针偏转的角度 α 与中值电阻 R_0（亦称欧姆中心值或综合内阻）、被测电阻 R_X 的关系如下式：

$$\alpha = \frac{R_0}{R_0 + R_X} \times 90°$$

式中 90° 为表针满度偏转的角度。显然，当 R_X 与 R_0 相等时，$\alpha = 45°$ 表明表针正好指向表盘的几何中心位置。从式中可见，R_0 小时则测低阻的准确度高，R_0 大时则测高阻的准确度高。由于各电阻挡的 R_0 都不同（它等于表针指在表盘几何中心时的刻度值乘以该挡的倍率，如 500 型万用表 $R \times 1k$ 挡，几何中心位置刻度值为 10，故 $R_0 = 10 \times 1k = 10k$）。所以要选择合适量程，尽量使表针在几何中心附近（即在 $R_0/4 \sim 4R_0$ 范围）偏转，读数较准。

（5）测量音频电平。万用表的音频电平刻度是利用 10V 挡并按照 600Ω 负载特性而标定的（因为我国通信线路采用特性阻抗为 600Ω 的架空明线，通信终端设备及测量仪表的输入、输出阻抗均按 600Ω 设计）。零电平表示在 600Ω 阻抗上产生 1mW 的电功率。

若被测电路的负载 Z 不等于 600Ω，则应按下式进行修正：

$$dB 实际值 = 万用表 dB 读数 + 10lg(600/Z)$$

若用万用表其他交流电压挡测电平以扩大测量范围，读数则应按表 1-2 进行修正。

表 1-2　　　　　　　　　万用表交流电压挡测电平之数修正值

所用交流电压挡（V）	读数修正值（dB）
50	+14
100	+20
250	+28
500	+34
1000	+40

3. 使用之后

每次用毕万用表都应妥善处置仪表并养成良好习惯。即"用毕表后妥处置"。

有些指针式万用表（VOM）如 500 型，应将"量程选择开关 S2"置于"·"的挡位上，使内部测量机构两端短路；"功能选择开关 S1"置于"·"的挡位上，使其内部电路呈开路状态。

有些指针式万用表如 MF47 型，用毕之后应将量程选择开关置于最高电压挡，如 500V 或 1000V，以免下次开始使用时不慎烧表。

有些指针式万用表如 MF64 型，设有"OFF"挡，每次用毕应将功能选择开关置于此挡，使表头内部短路，达到防震保护的目的。

现将指针式万用表的正确使用方法归纳如下，以供参考：

准确测量有前提，环境条件应注意。

出手之前细核对，功能量程需合宜。

表测交流是正弦，单手操作才安全。

一次换挡则调零，量测电阻莫手连。

弄清表内正负极，检测器件总有益。

正对表盘读数据，用毕表后妥处置。

1.1.2　数字式万用表

1.1.2.1　合理选用

近年来，$3\frac{1}{2}$ 位袖珍式数字万用表（DMM）正获得迅速普及与广泛应用。国际上已出现用此类仪表取代传统的指针式万用表（VOM）的趋势。

数字万用表由于测量精度高、速度快、功能全、显示直观、可靠性好、过载能力强、小巧轻便、耗电省，因此受到人们的普遍欢迎。它已成为电子与电工测量以及电子维修用的必备仪表。袖珍式 DMM 与 VOM 的精度比较，参见表 1-3。

鉴于目前国内市场上袖珍式数字万用表种类繁多、型号各异，我们可以从以下几个方面选购数字万用表。

表 1-3 万 用 表 精 度 比 较

精度　测量项目 仪　表	直流电流 DCA	直流电压 DCV	交流电流 ACA	交流电压 ACV	电阻 Ω
3½位 DMM	±0.1%	±(0.1~0.5)%	±1.5%	±1.0%	±(0.2~1.0)%
VOM	±(1.0~2.5)%	±(1.5~2.5)%	±2.5%	±2.5%	±(2.5~4.0)%

1. 测量精度

应尽量选精度较高的仪表，以减小测量误差。通常数字万用表的精度有两种表示方法：

$$第一种精度 = \pm(\alpha\%X + n\ 个字)$$

$$第二种精度 = \pm(\alpha\%X + \beta\%X_m)$$

式中　α——误差的相对系数；

　　　X——读数；

　　　n——该量程上显示屏末位数字的跳变个数；

　　　β——误差的固定项系数；

　　　X_m——满度值；

　　$\alpha\%X$——读数误差，随被测量的变化而变化；

　$\beta\%X_m$——满度误差，对于给定的量程，$\beta\%X_m$ 是不变的，它正好等于该量程上显示屏末位数字的跳变个数。

例如，DT—830 型采用第一种表示法，该表直流 2V 挡精度为 $\pm(0.5\%X + 2$ 个字)。SK—6221 型则采用第二种表示法，其直流 2V 挡精度为 $\pm(0.8\%\ X + 0.2\%\ X_m)$。因 $X_m = 2V$，故 $0.2\%X_m$ 相当于 4 个字的误差，相比之下，DT—830 精度较高，SK—6221 的精度较低。

2. 测量项目与量程

万用表的测量项目越多，量程越宽，使用范围就越广。3½位 DMM 的基本测量项目及量程见表 1-4。

表 1-4 **3½位 DMM 的基本测量项目及量程**

测 量 项 目	量　　程
直流电压 DCV	0.1mV~1000V
交流电压 ACV	0.1mV~750V(650V)
直流电流 DCA	0.1μA~10A

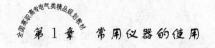

除此之外，最好有下述附加挡及插口：

（1）检查线路通断挡，其符号为 ·))、((·)），当线路电阻小于某值（如≤20Ω）时，表内蜂鸣器应发声。

（2）测二极管挡：该挡可检查半导体二极管的好坏。

（3）h_{FE} 及插口，用来测量 NPN、PNP 型三极管的 h_{FE} 值。

（4）电容挡及插口 C_X，一般可测 1pF～2μF 的电容量。

（5）小功率测电阻挡 $L_0Ω$，能在线测量电阻，而忽略晶体管之影响。

（6）具有超量程指示、低电压指示和极性自动显示等功能，若能显示单位则更好。

此外，某些新式数字万用表还备有传感器等辅件，进而能测量温度、光功率、频率、转速、位移、脉宽等，并兼作标准信号发生器。

诚然，要求一块袖珍表尽善尽美是不现实的，但至少应包括上述（1）、（2）、（3）、（6）项。

3. 量程转换

目前，较高级的袖珍表已能自动转换量程（AUTO）。操作简化，能节省测量时间，例如 SK-6221、DT-860 等型号。对于手动转换量程的表，则应考虑操作是否方便。例如 DT-830 型只使用一个转换开关，即可完成全部测量项目和量程的转换，使用方便。

4. 体积

若经常在室外或野外测量，为携带方便起见，可选购笔式万用表，其体积与牙膏盒相仿，能装入衣袋。这种表的缺点是精度略低，功能较少。

5. 耗电

为了省电，袖珍表均采用液晶显示器 LCD。市售产品中大多使用 7106 型 A/D 转换器（CC7106、CH7106），芯片耗电大，约 16mW。少数表改用微功耗的 7126 或 7136 型 A/D 转换器（国内型号为 CH7126、DG7126），芯片功耗仅 1mW，电池使用寿命可延长到 1000h。

6. 外观

重点检查显示数字及符号是否清晰，有无笔画残缺现象，有则说明 LCD 显示器有损伤。另外还应检查所有转换开关或按键是否灵活，不能有卡滞、松动现象。外表无机械损伤。有条件的，应作当场试验。

7. 防误操作和过载保护能力要强

由于数字万用表内部器件烧坏后不好维修，现在有的数字万用表增加了防误操作和自我保护功能。这一点对初学者在选购数字万用表时，也是一个重要的考虑因素。

8. 价格

选购数字万用表时，价格也是一条重要因素。一般讲，仪表精度愈高，功能愈全，其售价也较高。选购者不应过分追求技术指标，而应以满足使用要求为主，作综合评价，量力购物。

9. 维修问题

当前袖珍式数字万用表的销量可观，但维修工作远远跟不上。特别是有些特殊型号的表，元器件很难买到。建议最好购买国内专业厂组装的产品，这样厂家就能提供三包，日后维修换件也方便得多。

1.1.2.2 数字式万用表的正确使用

数字式万用表因型号不同功能相差很大，在初次使用之前应该详细阅读使用说明书。这里仅就一些基本使用功能作些说明。

1. 电压、电流和电阻的测量

第一步，估计被测量大小，使量程稍大于被测量，定好量程开关（或称功能开关）位置。若无法估计被测量大小时，可先选择较大量程挡。

第二步，根据被测量正确选择表笔插口。

第三步，试测被测量大小，正确选择量程。

第四步，读数：若数字前面带有"－"号，对于直流电压，表明红表笔为低电位，黑表笔为高电位，即红表笔为"－"，黑表笔为"＋"；对于直流电流，表明电流从黑表笔流进，从红表笔流出。

注意：数字万用表的一般使用频率范围为 $40 \sim 500\,\mathrm{Hz}$，如被测量频率过高，其测量误差将会增大。由于数字万用表 A/D 转换器是按正弦波有效值设计的，所以对非正弦波形无法直接测量出结果来。测量交流电压时，应使黑表笔接被测量体的低电位端，用以消除分布电容的影响，减小测量误差。

2. ）、◄ 挡的使用

该挡可以测量元件、电路的通断以及二极管的正向压降。当被测电阻阻值小于某值（如 20Ω）时，则数字万用表内的蜂鸣器会自动发出响声，说明被测体是导通的。若红表笔接二极管的正极，黑表笔接二极管的负极，显示数据为 $0.5 \sim 0.8\,\mathrm{V}$ 之间时，则该二极管为硅管；显示数据为 $0.2 \sim 0.3\,\mathrm{V}$ 之间时，则该二极管为锗管；发出响声，则说明二极管击穿。若红表笔接二极管的负极，黑表笔接二极管的正极，正常时，显示数据为"1"；显示数据为"0000"，或其他数字，或发出响声，则说明二极管已被击穿损坏。

3. h_{FE} 值的测量

将转换开关旋至测量 h_{FE} 值位置，根据晶体管的管型和极性，将三个脚插入相应

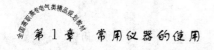

孔中，即可测出直流电流放大系数 h_{FE}。

4. 电容的测量

首先，将电容放电；然后将功能开关旋至 C_X 处，确定好量程；最后将电容引脚插入插孔中，即可测出电容容量的大小。

1.2 指针式电子电压表

电子电压表是一种用于测量电子电路中电压的仪器。前面虽然我们介绍了可以用万用表去测量电压，但是万用表的测量范围和精度远不如电子电压表。在电子电路中，很多情况下需要用电子电压表进行电压测量。

1.2.1 合理选用

在电子电路中，电压具有频率范围宽、幅度差别大、波形多样化等特点，所以在选用电子电压表时应考虑如下几点：

（1）频率测量范围要宽。电子电路中电压的频率可以在从零赫兹（直流）到数百兆赫兹范围内变化，这就要求用来测量的电压表必须具有足够宽的频率范围。我们选用的电子电压表工作频率范围至少应大于电路的工作频率，否则就会产生明显的频率误差。

（2）量程要宽。通常，待测电压的下限低至 μV，而上限高至 kV，这就要求所使用的电压表的量程相当宽，有时需要分别用灵敏度很高的电压表和绝缘强度较高的电压表来测量。我们选用的电子电压表其量程至少应能满足本次测量需要。

（3）输入阻抗要高。电压测量仪器的输入阻抗就是被测电路的额外负载。为了尽量减小电压表对电路的影响，我们选用的电子电压表其输入阻抗越高越好，即输入电阻越大，输入电容越小，产生的误差就越小。

（4）抗干扰能力要强。测量工作，一般是在充满各种干扰的条件下进行的。特别当电压测量仪器在高灵敏度工作时，干扰将会引入明显的测量误差，这就要求我们选用的电压表具有相当强的抗干扰能力。

（5）测量精度高。某些电压测量，例如测量稳压电源的稳定度时，需要有较高的测量精度。当然，对于电子电路中大量测量属于工程电压测量，只要求有一定的精确度就可以了。

此外，电子电路中的电压波形除正弦波电压外，还有大量非正弦电压，被测电压中往往是交流与直流并存等，这些问题在选用仪表测量电压时都必须予以考虑。在很多场合还希望能够实现自动测量、自动校准、自动处理测量数据等。

1.2.2 操作技术

电子电压表型号很多，在操作上都有自己的特殊要求，这里不可能一一都作说明。要保证在使用过程中不损坏仪表，减少测量误差，我们在使用之前要详细阅读其使用说明书。下面以 DA—16FS 型双路晶体管毫伏表为例介绍电子电压表的使用。

1.2.2.1 主要技术指标

（1）测量电压范围：$100\mu V \sim 300V$；量程为 1mV、3mV、10mV、30mV、100mV、300mV、1V、3V、10V、30V、300V 共十一挡。

（2）测量电平范围：$-72\sim+30dB$（600Ω）。

（3）被测电压频率范围：$20Hz\sim1MHz$。

（4）固有误差：$\leqslant\pm3\%$（基准频率 1kHz）。

（5）频率影响误差：$20Hz\sim100kHz\leqslant\pm3\%$；$100kHz\sim1MHz\leqslant\pm5\%$（以上误差均为满度值之百分比）。

（6）输入电阻：在 1kHz 时输入电阻大于 $1M\Omega$。

输入电容：在 $1mV\sim0.3V$ 各挡约 70pF；在 $1V\sim300V$ 各挡约 50pF（包括接地线电容在内）。

（7）使用电源：220V 50Hz$\pm4\%$时消耗功率 3W。

（8）外形尺寸：$310mm\times155mm\times100mm$。

（9）重量：3.5kg。

1.2.2.2 面板布置

DA—16FS 型双路晶体管毫伏表的面板控制机件如图 1-2 所示。

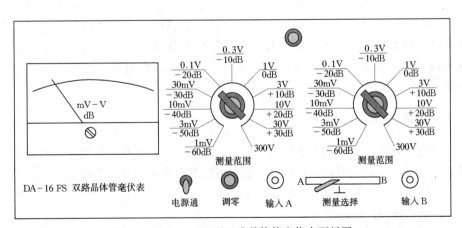

图 1-2　DA—16FS 型双路晶体管毫伏表面板图

1.2.2.3 操作步骤

（1）使用时，以毫伏表表面垂直放置为准。

（2）通电前，检查电表指针是否指在零位。

（3）将"测量选择"开关置"接地（⊥）"位置，接通电源，待电表指针摆动数次后，调整"调零"旋钮，使指针在零位置。

（4）接好输入线。接线时，毫伏表的地线应与被测电路的地线连在一起，以免引入附加的干扰电压，影响测量的准确性。接线时先接地线，拆线时后拆地线。

（5）根据被测电压的大小，将"测量范围"开关置于适当的位置。若不知被测电压的大小，则先将"测量范围"开关置于最大的位置，以免过载太大烧坏晶体管。

（6）将"测量选择"开关置 A（或 B）位，根据读数再调整"测量范围"到合适的挡级，进行读数。

（7）使用完毕后，将"测量选择"开关置"⊥"位置，最好将"测量范围"开关置量程最高挡位，然后关闭电源开关。

（8）所测交流电压中的直流分量不得大于 300V。

（9）用本表测量市电，相线接输入端，中线接地，不应反接，测量 36V 以上的电压，注意机壳带。

（10）由于本仪器灵敏度较高，使用时必须正确选择接地点，以免影响测量的准确性。

1.3 直流稳压电源

直流稳压电源是电子制作中不可缺少的设备。其输出能否满足电路要求以及我们对其使用熟练的程度，将直接影响到我们的电子制作。它的技术指标包括特性指标和质量指标两类。而特性指标又包括输入电压及其变化范围、输出电压及其调节范围和最大输出电流三项，质量指标包括稳压系数、输出电阻、温度系数和纹波系数四项。

1.3.1 合理选用

随着电子技术的发展和生产工艺的提高，现在生产的直流稳压电源在质量上一般都能满足我们的要求，因此在选用直流稳压电源时主要考虑如下几个因素：

（1）输出电压及其调节范围应能满足要求。

（2）输出电流应能满足要求。

（3）短路保护和过载保护能力越强越好。

（4）不但有输出电压指示，还应有输出电流指示。

1.3.2 操作技术

1. 特殊操作技术

某些直流稳压电源有其特殊的操作技术。所以，操作者在使用设备前务必要认真阅读使用说明书，按照要求正确使用才能最大限度地发挥设备功能，避免操作不当而造成的损失。例如，台产 GPC—3030DQ 直流稳压电源有"自动串并联操作"的功能，即三组电源中的二组可调电源（5V 固定输出除外）能自动实现串并联，自动实现副电源（Slave）跟踪主电源（Master）的输出电流或输出电压，并受其控制。自动实现扩大输出电压至 60V 或扩大输出电流至 6A。

2. 一般操作技术

各种直流稳压电源亦有其一般操作技术。例如，在使用直流稳压电源时，不能贸然将之接入电子电路。必须先调整稳压电源使输出电压达到所需要的电压值，然后"关机"，接入电子电路后再开启电源。又如稳压电源的指示装置都有其特定的指示目的。JWY—30B 型直流稳压电源的电压表，靠"V 指示"双掷开关拨向左边或右边，分别指示 I 组或 II 组的输出电压值，而电流表却始终指示 I 组的输出电流值。而 GPC—3030DQ 型直流稳压电源用四个 $3\frac{1}{2}$ 位数 0.5 英寸 LED 数字电压表和数字电流表分别直观地同时显示两组可调电源的输出电压和输出电流。又如 JWY—30B 型直流稳压电源的"过载保护电路"必须在"细调"旋钮置于内部电位器"开"的位置时才起作用。而 GPD—3030DQ 直流稳压电源则无此限制，其"过载与极性反向保护装置"始终处于工作状态。

综上所述，启动开关即输出，"调准""关机"再接入。明确"显示"为何物？"保护"功能弄清楚。

1.4 信号发生器

信号发生器是一种能提供测量信号的仪器。根据测量的目的分为通用和专用两大类。通用型按输出波形，又可分为正弦信号发生器、脉冲信号发生器、函数信号发生器和随机信号发生器四类。由于函数信号发生器既能输出正弦波，又能输出矩形波和锯齿波，有的还能当频率计使用，所以可以选用函数信号发生器来代替一般的非调制型正弦信号发生器。因此，这里只介绍函数信号发生器，以及在电子制作中要用到的高频信号发生器和电视信号发生器的使用。

1.4.1 函数信号发生器

由于各种型号的函数信号发生器在性能和操作上都存在着差异，因此这里仅以 XJ1631 型数字函数信号发生器为例介绍其使用。

1.4.1.1 技术性能

(1) 频率范围。由 0.1Hz 到 2MHz，分七个频率挡级，各挡之间有很宽的覆盖度，见表 1-5。

表 1-5　　　　XJ1631 型数字函数信号发生器各频率挡级频率覆盖范围

频率挡级（Hz）	频率范围（Hz）	频率挡级（Hz）	频率范围（Hz）
1	0.1～2	10k	1k～20k
10	1～20	100k	10k～200k
100	10～200	1M	100k～2M
1k	100～2k		

(2)频率显示方式：四位数码管显示；发光二极管指示频率量程范围（Hz、kHz、闸门、溢出）。

(3)频率精度：±（1个字＋时基精度）。

(4)正弦波失真度：10～30Hz<3%；30Hz～100kHz≤1%。

(5)方波响应：前沿/后沿≤100ns(开路)。

(6)同步输出信号(SYNC OUT)的幅度与前沿：幅度（开路）≥3V_{P-P}；前沿 T_r ≤25ns。

(7)最大输出幅度（开路）：f<1MHz≥20V_{P-P}；1MHz≤f≤2MHz≥16V_{P-P}。

(8)最大直流偏置（开路）：±10V。

(9)输出阻抗：Z_O＝50±5Ω。

(10)占空比：脉冲的占空比与锯齿波的上升沿、下降沿可连续变化，其变化范围大于 10%～90%。

(11)压控振荡（VCF）：外加直流电压从 0 到 5V 变化时，对应的频率变化比大于 100。

(12)频率计数器：六位 LED 数码管显示计数频率、发光二极管指示频率量程范围（Hz、kHz、闸门、溢出）。

(13)频率计数器的计数范围：计数输入时（COUNT. IN），10Hz～100MHz；函数信号输出（OUTPUT），0.1Hz～2MHz。

(14)闸门时间：0.01s、0.1s、1s、10s。

(15)计数精度：±(1个字＋时基误差)；时基误差 10MHz±50ppM(10～40℃)。

(16) 计数输入灵敏度（衰减器置 0dB）：正弦波 10Hz～10MHz≥30mV（rms）；10MHz～100MHz≥60mV（rms）。

(17) 最大计数电压幅度：衰减比为 0dB 时，1V（rms）；衰减比为 30dB 时，5V（rms）。

最大允许输入电压：400V（DC＋peak AC）。

(18) 频率计数器输入阻抗（AC 耦合）：电阻分量约 500kΩ；并联电容约 100pF。

1.4.1.2 面板上各控制机件介绍

XJ1631 型数字函数信号发生器的面板控制机件如图 1-3 所示，图中所示各控制机件的名称如表 1-6 所示。

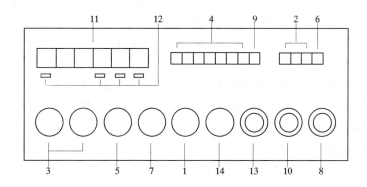

图 1-3 XJ1631 型数字函数信号发生器面板图

表 1-6 　　　　　　　 **XJ1631 型数字函数信号发生器各控制机件的名称**

控制机件编号	控制机件名称	控制机件编号	控制机件名称
1	电源/幅度	8	输出
2	函数	9	函数/计数
3	调频（粗调、细调）	10	计数输入
4	频挡	11	频率显示
5	占空比	12	频率量程
6	衰减	13	压控输入
7	直流偏置	14	同步输出

面板各部件的作用如下：

（1）电源开关/幅度调节（POWER/AMPLITUDE）：为一带开关的电位器。旋钮逆时针旋足，听到"咔"声，开关断开即关断电源；顺时针旋转，函数信号增大。

（2）函数开关（FUNCTION）：由三个互锁的按键开关组成，用来选择输出波形（方波、三角波、正弦波）。

（3）频率调节：分粗调（MAIN）和细调（FINE），细调钮拉出来时还可对脉冲波倒相。

（4）频率挡级/闸门时间（RANGE Hz/GATE TIME）：由七个互锁按键开关组成，用来选择信号频率的挡级。

（5）占空比（RAMP/PULSE）：为一带开关的电位器，用来调节脉冲波的占空比或锯齿波的上升、下降时间。当旋钮逆时针旋到底听到"咔"声开关断开，处于"校正"位置时，占空比为50%。输出正弦波时，此旋钮一定要置于"校正"位置，否则，正弦波会失真。

（6）衰减开关（ATT）：此开关按入时，对输出的函数信号进行衰减，衰减量约30dB。当仪器对外接信号进行频率计数时，此开关按入对外接信号衰减约20dB。开关弹出时对信号不衰减。

（7）直流偏置（PULL TO VAR DC OFFSET）：为一带推拉开关的电位器，拉出此开关时，直流偏置电压加到输出信号上，其调整范围可在 $-10V$ 到 $+10V$ 之间变化。

（8）信号输出（OUTPUT）：仪器产生的函数信号由此输出。

（9）函数/计数显示控制开关（FUNC/COUNT）：此键拉出时，数码管显示的为输出函数信号的频率；此键按入时，数码管显示的为外接输入信号的频率。

（10）计数输入（COUNT IN）：待测信号由此输入。

（11）频率显示（FREQUENCY）：为六位数码管。当"函数/计数"开关拉出时，后四位数码管显示的是输出函数信号的频率；当"函数/计数"开关按入时，六位数码管显示外接输入信号的频率。

（12）发光二极管：右边的两管指示频率量程 Hz、kHz，右边第三管闪烁表示闸门时间（GATE）长短。最左边的发光二极管表示溢出（OVFL），当测量频率超过显示器容量时此灯亮，应将频率挡级扩大，直到指示灯熄灭。

（13）压控振荡输入（VCF IN）：由此输入一个直流电压，可以控制函数信号的频率，当外加电压从 $0\sim5V$ 变化时，对应的信号频率变化大于 $100:1$。

（14）同步信号输出（SYNC OUT）：由此输出一个与 TTL 电平兼容的脉冲信

号，它不受"函数/计数"开关及幅度调节旋钮的影响，它的频率与函数信号的频率一致。

（15）电源电压选择开关（LINE VOLTAGE SELECTOR）：在后面板右部，为一拨动开关，根据市电电压进行选择，可选择 220V 或 110V 的供电电源。实验室的仪器都置于 220V 的位置上，一般不要去动它。电压为 220V 时，千万不要置于 110V 位置给仪器加电。

1.4.1.3 使用方法

1. 输出函数信号

（1）顺时针旋动"电源开关"，数码管亮，预热 0.5h 后仪器进入稳定工作。

（2）根据需要按入"函数"开关中相应的按键（一次只能按入一个键）。

（3）拉出"函数/计数"开关。

（4）根据频率要求按入"频率挡级"开关。

（5）调节频率"粗调"钮和"细调"钮，得到所需要的频率。注意不要将电位器旋足，否则可能使仪器没有输出或输出的信号波形不正常。

（6）调节"幅度调节"钮，得到所需要的信号幅度。若需要小信号，可按入"衰减"开关。

（7）调节"占空比"旋钮，可改变脉冲的占空比或锯齿波的上升、下降时间比。若是输出正弦波或三角波时，此旋钮应置于"校正"位置（逆时针旋转将开关断开）。

（8）若要将脉冲波反相，可拉出"频率细调"旋钮。

（9）若要用外加电压调频，则可从"压控输入"插座输入控制电压。

说明：对"输出"插座，"压控输入"插座以及"同步信号输出"插座，不能输入大于 10V（直流＋交流峰值）的电平，以免损坏仪器。

2. 本机作外接频率计使用

（1）按入"函数/计数"键。

（2）从"计数输入"插座输入待测信号，根据信号幅度的大小决定是否按入"衰减"开关。

（3）如果发光二极管 OVFL 亮，表明被测频率超过所设置的频率挡级，需将频率挡级扩大，只有 OVFL 熄灭才能正常显示。当信号频率超过 10MHz 时，频率挡级置于 100k 时会乱计数，应置于 1MHz 挡级。

1.4.2 高频信号发生器

高频信号发生器既可以输出正弦信号，又可加以调制，为高频电子线路调试提供所需的各种模拟射频信号。各种高频信号发生器在功能上大体相同，但操作上存在一定差异。下面以 XG25 高频信号发生器为例介绍其使用。

1.4.2.1　技术规范

（1）高频频率刻度范围：0.4～130MHz 分六个波段，其中：

第一波段：0.4～1.2MHz（0.4～1.4MHz）

第二波段：1.2～3.0MHz（1.4～3.0MHz）

第三波段：3.0～8.5MHz

第四波段：8.5～25MHz

第五波段：25～55MHz

第六波段：55～130MHz

频率刻度精度：±2％

（2）音频信号频率：1000Hz±10％。

（3）高频输出：等幅波、调幅波。

（4）高频电压输出：分高、低两挡，可用电位器连续调节。

（5）音频电压输出：有单独插座，可用电位器连续调节。

（6）工作电压：6V（2号电池）。

（7）电力消耗：约 60mW。

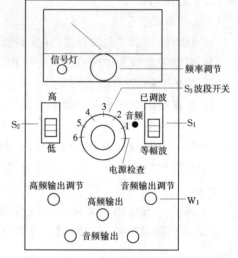

图 1-4　XG25 高频信号发生器面板图

1.4.2.2　面板控制机件介绍

XG25 高频信号发生器的面板控制机件如图 1-4 所示。

1.4.2.3　使用方法

（1）接通电源。顺时针旋转"音频调节"电位器 W_1，听到"喳"声，表示电源开关接通。

（2）将波段开关 S_3 拨到"电源检查"位置，刻度左下方信号灯亮，说明电源电压能保证正常工作；若信号灯不亮，应更换电池（若电池无问题，应检查电池接触是否良好，信号灯是否坏）。

（3）接好高频或音频输出线，按照所需频率，将波段开关 S_3 放到相应的波段上，再转动"频率调节"，使指针对准所需频率刻度。

（4）根据需要将控制开关 S_1 拨到已调波或等幅波位置。

（5）拨动高频输出开关 S_2 及转动"高频调节"便可得到所需电压幅度。

（6）不论各控制开关在什么位置，只要电源接通，原则上均有音频电压输出。但当需要音频电压时，最好把波段开关 S_3 扳到 1 波段（音频），并将开关 S_1 放在等幅波位置（这样可使输出电压最大，1000Hz频率更准确），将音频输出线连接好，调"音频调节"W_1，即可得到所需幅度。

（7）仪器使用完，必须将电源关掉，以免浪费电池，并将波段开关S_3放在"电源检查"位置，这样可检查电源是否关掉。

（8）如仪器长期不用，应将电池取出，防止电池漏液腐蚀元件。

1.4.3 YDC—868型彩色/黑白电视信号发生器

电视信号发生器可以输出多种标准电视信号，供我们调试和检修电视机用。型号不同的电视信号发生器其技术指标也不同，有的相差还较大。尽管如此，但是其面板操作一般不难，我们只要阅读一下厂家提供的使用说明书，就可以掌握其使用方法。下面以YDC—868型彩色/黑白电视信号发生器为例介绍其使用。

1.4.3.1 技术指标

（1）电视标准：PAL—D制。

（2）行频：$15625\pm1\%$ Hz。

（3）场频：50Hz。

（4）彩色副载波频率：4.43361875 ± 20 Hz。

（5）射频信号输出：868型为1～12频道（868—2型、868—2B型、868—3型为1～56频道）。

（6）伴音：6.5MHz。

（7）视频输出$\geqslant1V_{P-P}$，负极性，75Ω负载〔868—2B型除输出$1V_{P-P}$的16种图像信号外，还能输出R、G、B以及行同步信号（16～38kHz）和场同步信号（50～120Hz），供检修SVGA、VGA等显示器用〕。

（8）图像信号种类：①八级彩条；②电子圆；③格子；④点子；⑤棋盘；⑥中心十字线；⑦缺红（−R）；⑧减绿（−G）；⑨减蓝（−B）；⑩白场；⑪黄场；⑫青场；⑬绿场；⑭品红；⑮红；⑯蓝。

（9）868—3型机具有调制功能，当有外来的音视频信号，可在任意频道上调制发射（15m远）其视频输入幅度为$1V_{P-P}$，音频输入为600Ω，（0±3）dB（本机配有音视频衰减器）。

（10）电源：220V±20%，功耗<8W。

（11）外形尺寸：203cm×220cm×70cm，标准塑料机箱，重量约1kg。

1.4.3.2 面板控制机件介绍

YDC—868型彩色/黑白电视信号发生器面板控制机件（互锁开关型）如图1-5所示。

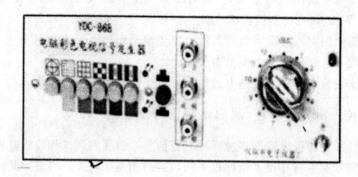

图 1-5　YDC—868 型彩色/黑白电视信号发生器面板图

1.4.3.3　使用方法

1. 高频发射

拉出天线，打开电源，选择适当的频道和电视接收机相应频道，根据需要选择所需的测试图形。

2. 互锁开关型各功能键的位置

(1) 彩条：左边六个互锁键和单独的－B 键全部弹出。

(2) 圆、点子、窗格、方格、－R、－G 分别按下对应的键同时－B 键弹出，即可得到相应的测试图形。

(3) 中心十字线：同时按下圆和方格两键，－B 键弹出即可得到。

(4) 品红：圆和方格以及－B 键同时按下。

(5) －B 键按下时为白、黄、青、绿、红、蓝下面的图形，－B 键弹出时为上面的图形。

3. 触摸型

按动触摸键，数码管将会按顺序出现"1～16"字样，同时产生相应的图形，即可在电视机上收到稳定的图像和伴音，视频输出口为检修电视机的预视放和视放电路用，伴音输出口用来检修电视机的伴音中放电路（6.5MHz）。

4. 868—2B 的 SVGA 接口的使用

将本机后面板的"内外"开关置于"外"，并将录像机、摄像机、VCD 等的视音频输出信号送到本机的视音频输入口，适当调节视音频的衰减旋钮，即可在 1～15 频道上得到稳定的图像和伴音。当本机数码出现"日"和"18"字样，系本机电源插头和电源插座接触不良，可将本机电源关掉 5min 后再打开即可恢复正常，同时请检查电源电压不得低于 180V。

1.5 通用示波器

示波器是一种把被测量以图形的方式显示出来进行测量的装置。其种类繁多，面板控制部件相对其他仪表来说也较繁琐。下面对其选用和操作分别予以介绍。

1.5.1 合理选用

示波器的合理选用通常从被测信号特性以及示波器性能所能适应的范围两个方面综合考虑。

1. 根据被测信号特性选择

示波器选择简例可见表1-7。

表1-7　　　　　　　　　示波器选择简例

被测信号特性	类型	型号	通道
频率不高的一般正弦波或其他周期性重复信号	通用	XT4210 QW4210	1
		SR8 SS—7802	2
非周期性信号或窄脉冲信号	宽带	SBM—10B SBM—14	1
		QW4310 V212	2
快速变化的周期性信号(大于300MHz的正弦波或纳秒级的脉冲信号)	取样	SQ—12A SQ27	2
快速变化的非周期性信号	高速	DC4330	2
低频缓慢变化的信号	低频	SBD—1	1
		TD4651	2
两信号波形相互独立	双线	SBR—1 SR46	2
同时观察多个被测信号	多通道	YB4331	3
		SR2 SS5711	4
		HH4370A(COS6100)	5
突出显示被测信号的局部	双时基	GCH7	2
		XJ4362	2
		SR72	2
存储信号波形以便分析研究	记忆数字存储	STT	2
		HH4441	2
特殊信号	专用示波器	SR—37A(波形监视器)	
		SG—1(电生理示波器)	

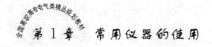

2. 根据示波器的性能选择

表征示波器的性能指标较多，一般只考虑与不失真重现被测信号波形相关的主要几项指标。其中以"频带宽度"和"扫描速度"尤为重要。

（1）频带宽度（Band Width）。其数值大小决定了示波器能不失真地观测周期性连续信号的最高频率或脉冲信号的最小宽度。基本条件之一是 Y 轴系统有足够的带宽。一般所选示波器的频带宽度应等于被测信号最高频率的三倍以上。若被观测脉冲信号的上升时间为 t_r，则要求 Y 轴系统通频带 BW 应满足：

$$t_r f_H = 0.35$$

式中　t_r——示波器 Y 轴系统的阶跃响应上升时间，μs；

f_H——示波器 Y 轴系统通频带 BW 的上限频率，MHz。

例如已知 SR8 型示波器 Y 轴系统通频带上限频率 f_H 为 15MHz，求得 $t_r = 0.023\mu s$。因此被测脉冲信号上升时间或下降时间在 $0.01\mu s$ 量级以下时，选用 SR8 型示波器就毫无意义。

（2）扫描速度（Sweep Rate）。其定义为光点水平位移的速度，其单位为 cm/s 或 div/s。示波器的最高扫描速度决定了信号波形在荧光屏上水平方向展开的能力。观测不同频率的信号，必须采用不同的扫描速度。对同一台示波器而言，希望扫描速度范围宽一些为好，这样既具有展开高频信号或窄脉冲信号的能力，又可以观测低频缓慢变化的信号。

（3）偏转灵敏度（Deflection Sensitivity）。其定义为单位输入电压作用下，光点在荧光屏上偏移的距离，单位为 cm/V 或 cm/mV。其大小反映了对被测信号展开的能力。这一定义同样适用于 Y 轴系统和 X 轴系统。

偏转灵敏度的倒数称为"偏转因数"。单位为 V/cm、mV/cm 或 V/div、mV/div。因习惯用法和测量电压幅度的读数方便，人们通常把偏转因数看作偏转灵敏度。

一般应根据被测试的最小信号来确定被选用示波器应具有的最高偏转灵敏度（或最小偏转因数）。

（4）输入电阻和输入电容（Input Resistor and Input Capacitor）。它是选用示波器的重要因素。为了不影响被测试电路的工作状态，应选用输入电阻高的示波器。为了观测上升时间短的矩形脉冲，则应选输入电容小的示波器。

1.5.2　操作技术

现在示波器种类较多，不但功能上有了许多提高，而且示波技术上发生了改变。这就要求我们在具体使用某台示波器之前，详细阅读其使用说明书。这里结合双踪示波器 SR8 介绍通用型示波器的使用方法。

1.5.2.1 技术性能

1. Y 轴放大器

该系统前置放大级为两个结构相仿的电路组成，借助于电子开关的工作性能，能同时观察和测定两种不同信号。因此，前置通道 Y_A 和通道 Y_B 的性能和精度是相同的。

（1）输入灵敏度。自 10mV/div～20V/div，按 1、2、5 顺序分 11 个挡级，其最高灵敏度为 10mV/div，当校准后，各挡误差均≤5%。另外还设有灵敏度"微调"装置，其微调的增益变化范围大于 2.5 倍，因此灵敏度能连续可调，仪器的最低灵敏度可达 50V/div。

（2）频带宽度。根据 Y 轴输入选择开关"AC－⊥－DC"的位置，可达到下述的频带宽度：

"AC"（交流）耦合：	10Hz～15MHz	－3dB
"DC"（直流）耦合：	DC－15MHz	－3dB

（3）输入阻抗分为：

直接耦合：	电阻	约 1MΩ
	电容	≤35pF
经探头耦合（10∶1）：	电阻	约 10MΩ
	电容	≤15pF

（4）最大输入电压。仪器的最大输入电压为 DC：250V（DC＋AC_{P-P}） AC：500V（AC_{P-P}）

（5）上升时间：不大于 24ns。

（6）上冲量：不大于 5%。

（7）视在延迟时间：不大于 40ns。

2. X 轴系统

（1）扫速范围。自 0.2μs/div～1s/div，按 1、2、5 顺序分 21 挡级，当校准后，各挡误差均≤5%。另外还设有扫速"微调"装置，其微调的扫速变化范围大于 2.5 倍，因此扫速能连续可调，仪器的最慢扫速可达 2.5s/div。

（2）扩展×10，其最快扫速可达 20ns/div。扩展后的允许误差不大于 10%。

（3）触发同步性能见表 1-8。

表 1-8　　　　　　　SR8 型双踪示波器触发同步性能表

方　式	耦合方式	频率范围	内触发	外触发
触发	AC	10Hz～5MHz	≤1div	≤$0.5V_{P-P}$
	DC			
高频（同步）	AC（H）	5MHz～15MHz		

（4）X 外接。

灵敏度　　　不大于 3div

频带宽度　　0～500kHz　－3dB

输入阻抗　电阻　约 1MΩ

　　　　　电容　不大于 35pF

3．示波管

（1）型号：12SJI02J 型矩形屏示波管。

（2）加速电压：3kV。

（3）屏幕有效工作面积：6div(Y)×10div(X) ❶。

（4）余辉：中余辉。

4．其他

（1）校准信号（矩形波）：频率　1kHz　≤2%

　　　　　　　　　　　　　　幅度　1V　　≤2%

（2）工作环境：温　　度　0～＋40℃

　　　　　　　　相对湿度　≤90%（＋40℃）

（3）额定电源：220V±10%；50Hz±5%。

（4）功率消耗：约 55VA。

（5）连续工作时间：8h。

（6）外形尺寸：300mm×180mm×420mm。

（7）重量：约 12kg。

1.5.2.2　面板控制机件介绍

SR8 型双踪示波器面板控制机件如图 1-6 所示。

各控制机件的作用如下。

1．显示部分

（1）电源开关。控制本机的总电源开关。当此开关接通后，指示灯立即发光，表示仪器已接通电源。

（2）指示灯。为指示电源接通的标志。

（3）辉度：调节荧光屏上波形的亮度。

（4）聚焦和辅助聚集：改变波形线条的粗细。调节它们，使荧光屏上的波形细腻清晰。其中"聚焦"是粗调，"辅助聚焦"是细调，它们应配合起来使用。

（5）标尺亮度：标尺是位于荧光屏外的一块带有刻度线的有机玻璃，调节"标尺

---

❶ 1 div＝0.8cm。

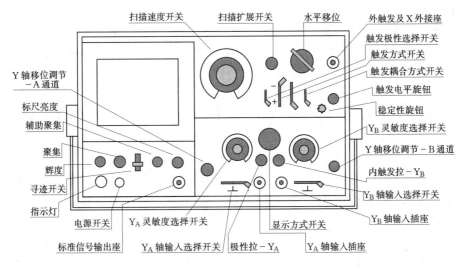

图 1-6　SR8 型双踪示波器面板控制机件图

亮度"旋钮就可照亮这些刻度线。对波形的度量就是利用标尺来进行的,标尺的读数单位为"格",英文缩写为"div"。

(6) 寻迹。当按键向下按时,使偏离荧光屏的光迹回到显示区域,从而寻到光点的所在位置。

(7) 校准信号输出插座。此插座输出校准信号。

2. X 轴控制件

(1) 扫描速度开关:改变光点在水平方向作扫描运动的速度。光点在水平方向匀速扫过一格所花的时间称为扫描速度,单位为 s/div、ms/div 或 μs/div。沿顺时针方向调节,扫描速度加快,反之,则减慢。

(2) 扫描速度微调:在一定范围内微小、连续地改变扫描速度,但不能读数。因此在对与扫描速度有关的量进行定量测量时应把它置于"校准"位置,即沿顺时针方向旋到头。

(3) 扫描速度校准:借助时标信号,调节该校准电位器,可对扫描速度进行校准。

(4) "扩展 拉×10"开关:本开关为按拉式开关,在按的位置上仪器作正常使用,当在拉的位置时,X 轴放大显示,可扩大 10 倍。此时,面板上的扫速标称值应以加快为 10 倍计算。放大后的允许误差应相应增加。

(5) 水平移位调节旋钮:它是套轴旋钮装置,用以调整整个波形在水平方向上的位置,便于对其观察和测量。其套轴上的小旋钮系细调装置,以适用于观察经扩展后

信号的位移。

3. 同步控制件

(1)"外触发 X 外接"插座：在使用外触发形式时，作为连接外触发信号的插座。也可用作 X 轴放大器外接时信号输入插座，其输入阻抗约为 $1\mathrm{M}\Omega/35\mathrm{pF}$，其直流＋交流峰值应小于 12V。

(2)触发源选择开关：通常使用时，应置于"内"的位置，这时触发信号就来源于待测信号。在"外"的位置上，触发信号取自外来信号源，也就是取自"外触发 X 外接"输入端的外触发信号。

(3) 内触发 拉—Y_B 开关 ：在双通道同时显示时，若要在水平方向进行时间比较（如测量相位时），则应置于"拉出"的位置，让两个通道的触发信号均由 B 通道的待测信号提供。

(4) 触发耦合方式开关：它是触发耦合的控制开关，分为三种方式，即使是用在外触发输入方式时，同时也可以选择输入信号的耦合方式。

"AC"位置：其触发形式属于交流耦合状态，由于触发信号的直流分量已被切断，因而其触发性能不受直流分量的影响。

"AC（H）"位置：其触发形式属于低频抑制状态，通过高通滤波器进行耦合，高通滤波器起抑制低频噪声或低频信号的作用。

"DC"位置：其触发形式属于直流耦合状态，可用于变化缓慢的信号进行触发扫描。

通常使用时，一般采用内触发的方式观察交流信号，因此该开关通常应置于"AC"的位置。

(5) 触发方式开关：它是用以按不同的目的或用途转换触发方式而设置的。

"高频"位置：若触发方式开关置于此位置，则扫描处于"高频"同步状态。本机内产生约 200kHz 的自激信号，对被测信号进行同步。本状态对观察较高频率的波形有利。

"触发"位置：若触发方式开关置于此位置，则触发源来自 Y 轴或外接的输入信号。调节"电平"旋钮选择被观察信号某点开始触发扫描。此方式是观察脉冲信号常用的触发扫描方式。

"自动"位置：若触发方式开关置于此位置，则扫描处于自激状态，不必调整"电平"旋钮，即能自动显示扫描线。通常使用时，把它置于"自动"的位置。

(6) 触发电平旋钮：用于选择输入信号波形的触发点，使在这一所需的电平上启动扫描，当触发电平的位置超过触发区时，扫描将不启动，屏幕上无待测信号波形显示。

（7）触发极性开关：用以选择触发信号的上升部分还是下降部分进行触发扫描。

"＋"位置：选择触发输入信号波形的上升部分开始进行触发扫描。

"－"位置：选择触发输入信号波形的下降部分开始进行触发扫描。

（8）稳定性调节电位器：用以调节扫描电路的工作状态，使其达到稳定的触发扫描。调准后毋需经常调节。

4. Y轴控制件

（1）信号输入插座：待测信号从该插座送入示波器。

（2）输入耦合开关：用以选择被测信号馈至示波器输入端的耦合方式。

"DC"位置：能观察到含有直流分量的输入信号。

"AC"位置：只能观察交流信号或待测信号的交流分量，而直流或直流分量不许通过。

"⊥"位置：此位置，Y轴放大器的输入端与被测输入信号切断，仪器内放大器的输入端接地，这时很容易检查地电位的显示位置，一般被用来作为测试直流电平时参考用。

（3）垂直移位调节：用以调整整个波形在竖直方向上的位置，便于我们观察和测量。

（4）Y轴灵敏度选择开关：改变光点在竖直方向偏转的灵敏度。引发光点在竖直方向偏转一格时的待测电压值称为Y轴灵敏度，单位为V/div。沿顺时针方向调节，Y轴灵敏度提高，反之，则降低。选用多高的Y轴灵敏度，决定于待测信号的电压。

（5）Y轴灵敏度微调：在一定范围内微小、连续地改变Y轴灵敏度，但不能读数。因此在作定量测量时应把它置于"校准"位置，即沿顺时针方向旋到头。

（6）显示方式开关：用于选择不同的显示方式。分别置于"Y_A"、"Y_B"位置时，分别为A、B两通道独立工作；置于"$Y_A ＋ Y_B$"时，两通道的输入信号叠加后显示；置于"交替"或"断续"位置时，均为双通道同时显示的方式。但是，当观测频率较低的信号时，应选用"断续"，而观测频率较高的信号时，应选用"交替"。

（7）"平衡"调节旋钮：当Y轴放大器输入级电路出现不平衡时，显示的光点或波形就随"V/div"的开关的"微调"转动而出现Y轴向的位移，"平衡"控制器就能把这种变化调至最小。

（8）"极性 拉－Y_A"开关：该开关为按拉式开关。当开关拉出时，使Y_A通道为倒相显示。

（9）"内触发 拉－Y_B"开关：该按拉式开关是用于选择内触发源而设置的。在按的位置上（常态），扫描的触发信号取自经电子开关后经Y_A及Y_B通道的输入信号。

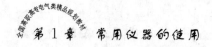

在拉的位置上，扫描的触发信号只取自于 Y_B 通道的输入信号，通常适用于有时间关系的二踪信号的显示。

5．后面板

（1）电源插座：此插座专供本机总电源输入用。

（2）保险丝座：此保险丝座为本机的总保险丝座。规定用 1A 的保险丝管。

6．底盖板

（1）"Y_A 增益校准"调节电位器：用于校准 Y_A 通道的灵敏度。

（2）"Y_B 增益校准"调节电位器：用于校准 Y_B 通道的灵敏度。

1.5.2.3　使用方法

1．使用准备

可以参照下述五步进行：

第一步：置好旋钮再开机。

"Y 轴移位""X 轴移位""X 轴移位微调""辉度"旋钮置于中间位置。

"显示方式"置于"Y_A"；"极性 拉－Y_A"置于"常态"；"DC－⊥－AC"置于"⊥"。

"触发方式"置于"自动"；"内触发 拉－Y_B"置于"常态"。

开启电源开关，预热 1min。应该能够看到光点，否则就要借助"寻迹"按键。

第二步：输入"试压"，调"辉""焦"。

将该机的校准信号（频率 1000Hz、幅度 1V 的矩形波）用电缆接入到"Y_A"，"DC－⊥－AC"置于"DC"。

调节"辉度""聚焦""辅助聚焦"旋钮，使荧光屏上显示的图形亮度适中，分辨率高。

第三步：频率先粗调后细调。

"扫速开关 t/div"的挡位应根据被测信号的频率和所需观测的波形个数而定。由于荧光屏大小有限，一般以显示 2～3 个完整波形为宜。当然也要考虑使用刻度标尺读数的方便。如要求荧光屏上显示 10 个完整的波形时，因输入信号的周期为

$$T = 1/f = 1/1000 = 1(\text{ms})$$

此时，可将"扫速开关 t/div"旋钮置于"1ms"挡，然后调节"扫速开关 t/div 微调"旋钮使波形基本稳定。

第四步：波形不稳加"整步"。

对于有些型号示波器如果波形还不能稳定显示，则适当向右调节"整步"旋钮。

第五步：探头"补偿"要调整。

用探头替代电缆接入校准信号，仔细调整探头补偿电容，使示波器显示如图 1-7

（c）所示的方波。

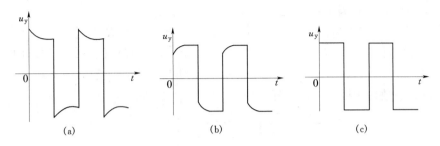

图 1-7 探头补偿的例子

（a）过补偿；（b）欠补偿；（c）正确补偿

2. 观察波形

先拆除校准信号，然后在 Y 轴输入端输入被测信号，并根据其大小将"Y 轴灵敏度 V/div"旋钮置于适当的挡位。重复上述第三、四步即可。

3. 参数测定

参数测定方法很多，限于篇幅，现介绍其部分参数的测量，望能体会其中要领，做到举一反三。

（1）测量电压。

1）直接法（标尺法）。借助示波器屏幕前一组垂直与水平的刻度标尺（亦称格子线 Graticule）直接读出被测电压高度 H，并且读取"Y 轴灵敏度"的挡位标示值 D，换算成相应电压值 U_{P-P}。即

$$U_{P-P} = DHK$$

式中 U_{P-P}——被测电压峰—峰值，V；

　　　D——示波器 Y 轴灵敏度，V/div；

　　　H——被测电压波形的峰—峰高度，div；

　　　K——示波器探头衰减倍数。

测量前应该用校准信号校准双踪示波器"Y 轴灵敏度"的各挡和调整探头补偿。"Y 轴灵敏度微调"旋钮应置于"校准"位置。

该测量方法无法直接测量电压有效值（Root—Mean—Square，RMS），仅对正弦波可以换算，即 $U=0.707U_m$。

该测量方法会由于 Y 轴放大器增益的不稳定、示波器分辨率、Y 轴衰减器的精度以及示波器屏幕波形和有机玻璃刻度标尺板不处于同一平面，而产生测量误差。

随着微处理器使用水平的不断提高，现有模拟光标读出示波器（如岩崎 IWAT-

SU SS—7802 型示波器等）可以自动地对示波器荧光屏上两个电子光标之间的电位差 ΔV、时间差 Δt 以及频率 $1/\Delta t$ 进行测量和显示。

2）位移法（直流偏移法）。如图 1-8 所示，调节电位器 R_W，使直流电压表指示为 0。接入被测信号，调出显示稳定的波形。用示波器垂直移位旋钮将波形的上峰顶移至扫描基线。然后调节电位器 R_W，上移波形使其下峰顶位于扫描基线上。此时，电压表的读数值即为被测电压的峰—峰值（U_{P-P}）。

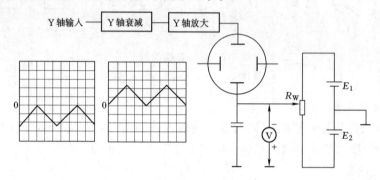

图 1-8　位移法测量示意图

（2）测量时间。

1）测量周期。测试前应对示波器各挡扫速进行校准，并将扫描"微调"置"校准"位。

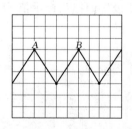

图 1-9　测量波形周期

当接入被测信号后，应调节示波器的有关旋钮，使波形的高度和宽度均比较合适，并移动波形至屏幕中心区和选择表示一个周期的被测点 A、B，将这两点移到刻度线上以便读取具体长度值，如图 1-9 所示。读出 $\overline{AB} = X$（cm），扫描因数 D_X（t/cm）及 X 轴扩展倍率 K，则可推算出被测信号周期 T

$$T = XD_X/K$$

2）测量时间间隔。对于同一被测信号中任意两点间的时间间隔的测量方法与周期测量相同。下面以测量矩形脉冲的上升沿时间与脉冲宽度为例进行介绍。

由于示波器 Y 轴系统中有延迟线电路，以使用内触发为宜。接入被测信号后，正确操作示波器有关旋钮，使脉冲的相应部分在水平方向充分展开，并在垂直方向有足够幅度。图 1-10（a）和图 1-10（b）是测量脉冲上升沿和脉冲宽度的具体实例。在图 1-10（a）中，脉冲幅度占 5div，并且 10% 和 90% 电平处于网格上，很容易读出上升沿的时间（1div）。在图 1-10（b）中，脉冲幅度占 5div，50％电平也正好在网格横线上，很容易确定脉冲宽度（4div）。

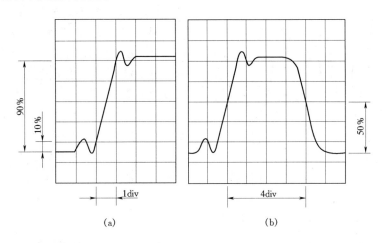

（a） （b）

图 1-10　测量脉冲上升沿和宽度

（a）上升时间；（b）脉冲宽度

测量时必须注意将 X 轴增益微调（或称扫描因数微调）旋钮旋至校准位置。还需注意，示波器的 Y 通道本身存在固有的上升时间，这对测量结果有影响，尤其是当被测脉冲的上升时间接近于仪器本身固有上升时间时，误差更大，此时必须加以修正，即

$$t_r = \sqrt{t_{rx}^2 - t_{r0}^2}$$

式中　t_r——被测脉冲实际上升时间；

　　　t_{rx}——屏幕上显示的上升时间；

　　　t_{r0}——示波器本身固有上升时间。

一般当显示的上升时间大于示波器本身上升时间五倍以上时，可忽略 t_{r0} 的影响；否则，必须按上式修正。

（3）测量相位差。测量相位差，一般采用双踪示波器较为方便。下面介绍如何采用双踪示波器测量相位差：把相位超前的被测信号作为触发信号送入 Y_B 通道（因为 SR8 示波器内触发信号源来自 Y_B 通道），把相位滞后的信号送入 Y_A 通道。采用"交替"或"断续"显示。将"内触发拉 Y_B"推拉开关拉出（即选择触发信号）。适当调整"Y 位移"，使两个信号重叠起来，如图 1-11 所示。这时可从图中直接读出 ab 和 ac 的长度，按式 $\Delta\varphi = \dfrac{x}{x_T} 360°$ 计算相位差。

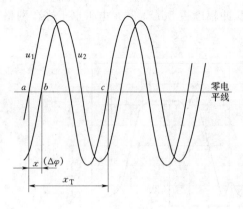

图 1-11　用双踪示波器测量相位差

4. 注意事项

（1）使用光点聚集，莫用扫描线聚集。在示波器 X 轴、Y 轴均未接入信号时，调节"聚集"、"辉度"及"辅助聚集"，使光点会聚到最小。然后启动扫描、显示波形，如有散焦现象，可适当调节"聚集"。

使用光点聚集时，注意调暗"辉度"。这样，一则可使光点会聚到最小，提高对波形的分辨率，减少测量误差。再则，可避免光点过亮而损坏荧光屏。

（2）合理利用荧光屏，提高测量精度。注意利用示波器荧光屏有效面积。位于中央的坐标轴上具有最小分度（0.2div），待测波形关键部位应尽量移到荧光屏中心区域，尽量利用坐标轴来读数，以减少测量误差。

（3）探头应专用，用前必须校正。由于示波器的输入阻抗（R_i、C_i）是待测电路的输出负载，所以，合理选用探头确能提高测量精度。但是，值得注意的是探头使用前一定要仔细调校，以取得最佳频率补偿。探头要专用，不要随意换用，以免带来补偿不良。

（4）注意输入信号大小，善用"Y 灵敏度"。Y 轴灵敏度（V/div）的最高挡位，表示其所能允许最大输入信号电压的峰—峰值，而其最低挡位，则表示其所能观察最小微弱信号的能力。应与探头配合善用活用。例如，SBM10A 型通用示波器，最高挡位为 20V/cm，荧光屏上显示波形限高 5cm，则最大输入信号电压峰—峰值不应超过 100V。可见，欲测 220V 交流电源电压而直接输入必会产生失真，此时，则可采用探头衰减信号。

（5）亮度调节适中，并且不宜长留。"辉度"调节适中，以能看清波形为准。辉度太强，波形模糊，且易使荧光屏老化。并且不要使光点长时间停留在荧光屏的某一点上。暂时不用观测波形时，应将"辉度"调暗。

（6）安全尤为重要，操作务必小心。示波器内高压达 ±1000V 以上，为了操作安全起见，务必上好机壳，不可随意拆卸。发生故障时应立即切断电源，再作分析处理。

"Y轴输入"和"X轴输入"的"地端"同接仪器机壳。所以，同时使用时，特别留意不要使待测电路短路，以免引起故障。

（7）用后切断电源，认真清理现场。操作者尤其应该养成用后清理现场的良好习惯，从关闭仪器、切断电源、清理导线、打扫卫生等"小事"做起，培养严谨认真的工作作风。

（8）妥善存放仪器，避免阳光直射。示波器应置于室温正常、干燥通风处。注意防尘、防震。避免阳光直射荧光屏，以防止荧光粉老化。

1.6 常用仪器使用实训

1.6.1 实训目的

（1）学会正确使用函数信号发生器和晶体管毫伏表。

（2）学会示波器的调整方法，初步掌握用示波器观察和测量正弦信号。

1.6.2 实训内容和步骤

（1）按图 1-12 将各仪器电缆的芯线连在一起，地线（即屏蔽层）连在一起（注意：芯线不得与地线相连，否则会造成信号短路，甚至损坏信号发生器），连接好电路。

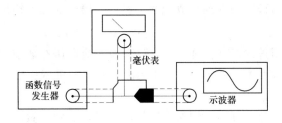

图 1-12　仪器之间的连接

（2）将晶体管毫伏表"测量选择开关"置于接地位置，并将"量程开关"置于较大挡位（避免表头过载）。

（3）调整信号发生器的有关旋钮，使其输出正弦信号的频率和幅度依次满足表 1-9 各栏的要求。在输出信号幅度较小时，应使用衰减挡，这样调整比较方便。

（4）将晶体管毫伏表"测量选择开关"置于测量通道位置，"量程开关"逐渐向小量程挡位转换，并应使表头指针在不超载的情况下，尽可能偏转大些（以保证测量精确）。

（5）调整示波器的有关旋钮，在屏幕上显示稳定的波形。从屏幕上读取波形的周期和幅度，将测量结果填入表 1-9。

表 1-9   测 量 数 据

频率（Hz）	幅度（V）（毫伏表指示）	周期（s）（示波器测）	幅度（U_{P-P}）（示波器测）
50	6.0		
100	5.0		
500	4.0		
1k	3.0		
5k	2.0		
10k	1.0		
50k	0.50		
100k	0.10		
500k	0.050		
1M	0.010		
2M	0.005		

1.6.3 验算测量结果

（1）将示波器测得的周期换算成频率，然后与信号发生器输出频率比较，检验操作和读数是否正确。

（2）将示波器测得的信号幅度(峰—峰值)换算成电压有效值（$U = KU_{P-P}/2\sqrt{2}$，K 为示波器探头衰减倍数），然后与毫伏表测得的电压进行比较，检验操作和读数是否正确。

（3）若上述比较结果有明显的误差应找出原因，然后重做。

第 2 章
常用电子元器件的认识和检测

本章主要介绍电子电路制作过程中常用的元器件的命名、型号、材料、导电特性、使用时注意事项，管脚判断、性能检测、元器件好坏的判断。给电子制作打下一个良好的基础，也是必备的知识和技能。

2.1 电 阻 器

2.1.1 电阻器的型号命名方法

电阻器是电子电路常用的基本元件之一，电阻器对交流电、直流电都有阻碍作用。常用于控制电路电流和电压的大小。

电阻器的种类很多，从构成材料来分，有碳膜电阻器、金属膜电阻器、碳质电阻器、线绕电阻器，敏感电阻器等；从结构形式来分，有固定电阻器和电位器（可变电阻器）。符号如图 2-1 所示。

图 2-1　电阻器的符号

(a) 固定电阻器；(b) 电位器

国内电阻器和电位器的型号由四部分组成，依次为：主称、材料、分类、序号。各部分所用符号的意义见表 2-1。

例如，RTX，为小型碳膜电阻器；RJ71 为精密金属膜电阻器。

表 2-1 电阻器的型号命名方法

第一部分：主称		第二部分：材料		第三部分：特征分类			第四部分：序号
符号	意义	符号	意义	符号	意义		
					电阻器	电位器	
R	电阻器	T	碳膜	1	普通	普通	生产序号
W	电位器	P	硼碳膜	2	普通	普通	
		U	硅碳膜	3	超高频	—	
		H	合成膜	4	高阻	—	
		I	玻璃釉膜	5	高温	—	
		J	金属膜	7	精密	精密	
		Y	氧化膜	8	高压	特殊函数	
		S	有机实芯	9	特殊	特殊	
		N	无机实芯	G	高功率	—	
		C	沉积膜	T	可调	—	
		X	线绕	X	小型	—	
		G	光敏	W	—	微调	
		R	热敏	D	—	多圈	

2.1.2 电阻器的主要性能参数

1. 标称阻值及允许误差

（1）电阻器的标称阻值。规定的标准化电阻值称为标称阻值，也称为额定阻值。标称阻值组成的系列称为标称系列值。表 2-2 为常用的固定电阻器标称系列表。电阻器的标称阻值取表中基本系列值或以该数乘以 10^n，其中 n 为整数，如 5.1 标称值有 5.1Ω、51Ω、510Ω、$5.1k\Omega$、$51k\Omega$、$510k\Omega$ 等值。

表 2-2 固定电阻器标称系列

系 列	允许偏差	电阻标称值系列
E6	±20%	1.0 1.5 2.2 3.3 4.7 6.8
E12	±10%	1.0 1.2 1.5 1.8 2.2 2.7 3.3 3.9 4.7 5.6 6.8 8.2
E24	±5%	1.0 1.1 1.2 1.3 1.5 1.6 1.8 2.0 2.2 2.4 2.7 3.0 3.3 3.6 3.9 4.3 4.7 5.1 5.6 6.2 6.8 7.5 8.2 9.1

（2）电阻器的允许误差。电阻器的实际阻值与其标称阻值存在偏差，电阻器的阻值误差用相对误差来表示，即实际阻值与标称阻值之差除以标称阻值所得的百分比。常用电阻器的允许误差分六个等级。见表 2-3。

表 2-3   电阻器的允许误差等级

级 别	0.05	0.1	0.2	I	II	III
允许误差	±0.5%	±1%	±2%	±5%	±10%	±20%

2. 电阻器的额定功率

电阻器在标准大气压和一定的环境温度下，长期连续负荷而不改变其性能的允许功率。电阻器的额定功率分别有 1/16W、1/8W、1/4W、1/2W 、1W、2W 等。在电路图上表示电阻功率时，采用图 2-2 所示的符号。

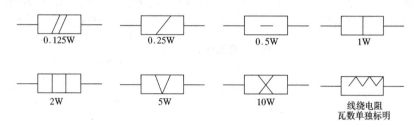

图 2-2   电阻器的功率表示

电阻器额定功率的选取要比实际耗散功率大一倍左右。

3. 电阻器的最大工作电压

指电阻器两端所能承受的电压值。一般来说，额定功率大的电阻器，它的耐压也较高。例如 0.125W 的碳膜电阻器最大工作电压为 150V，而 0.25W 碳膜电阻器最大工作电压为 250V。同功率的金属膜电阻器最大工作电压要比碳膜的高一些。例如 0.125W 的金属膜电阻器最大工作电压约为 200V 左右。

2.1.3 电阻器参数的表示方法

1. 直接标记法

直接标记法是将电阻器的额定功率、标称阻值、允许误差等参数直接标在电阻器上。标记举例：

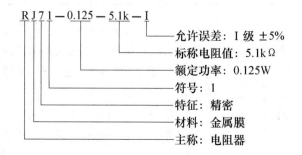

2. 色标表示法

一些体积很小的碳膜电阻器及某些合成电阻器，常用不同颜色的色环涂在电阻器上表示该电阻器的阻值和允许误差。色环分布在电阻器的一端，一般电阻器有四道色环，其中第一道色环和第二道色环的颜色分别表示阻值的第一位和第二位有效数字，第三道色环颜色表示有效数字后要乘以 10^n 的方次数，从而构成以欧姆为单位的阻值，第四道色环颜色表示阻值的允许误差。精密电阻器有五道色环，其中第一道色环、第二道色环和第三道色环的颜色分别表示阻值的第一位、第二位和第三位有效数字，第四道色环颜色表示倍率值 10^n 的方次数，第五道色环颜色表示阻值的允许误差。各色环颜色所代表的含义见表 2-4。色标表示法表示的电阻值单位是欧姆。

表 2-4　　　　　　　　　色环颜色所代表的含义

颜 色	所代表的有效数字	乘 数	允许误差	误差的英文代码
银	—	10^{-2}	$\pm 10\%$	K
金	—	10^{-1}	$\pm 5\%$	J
黑	0	10^{0}	—	
棕	1	10^{1}	$\pm 1\%$	F
红	2	10^{2}	$\pm 2\%$	G
橙	3	10^{3}		
黄	4	10^{4}	—	
绿	5	10^{5}	$\pm 0.5\%$	D
蓝	6	10^{6}	$\pm 0.2\%$	C
紫	7	10^{7}	$\pm 0.1\%$	B
灰	8	10^{8}		
白	9	10^{9}		
无色	—	—	$\pm 20\%$	M

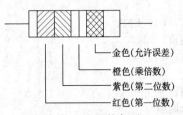

图 2-3　电阻的色环

例如，如图 2-3 所示，一个四色环电阻器上的四道色环依次是第一圈是红色，第二圈是紫色，第三圈是橙色，第四圈是金色，则该电阻器的阻值是 $27 \times 10^3 = 27\text{k}\Omega \pm 5\%$。

3. 文字符号法

用数字和字母表示电阻器的阻值和允许误差。

例如，3M3K ，其中 3M3 表示 3.3MΩ，K 表示允许误差为 ±10%，允许误差与字母的对应关系见表2-4。

2.1.4 常用的电阻器

1. 碳膜电阻器

碳膜电阻是在圆柱形瓷棒或瓷管表面，经过一定工艺沉积一层碳膜作导电膜，改变碳膜的厚度和用刻槽的方法变更碳膜的长度，可以得到不同的阻值。瓷管两端装上金属帽盖和引线，并外涂保护漆而制成。碳膜电阻器稳定性好、噪声低、温度系数不大，能在70℃以下工作，价格便宜，在电子电路中广泛应用。

2. 金属膜电阻器

金属膜电阻器的结构和碳膜电阻器差不多，只是导电膜是由合金粉蒸发而成的金属膜。金属膜电阻器具有耐热、防潮、耐磨等优点，它的各项电气性能指标均优于碳膜电阻器，而且体积小于同类的碳膜电阻器，但价格略高于碳膜电阻器。它广泛运用在稳定性及可靠性要求较高的电子电路中。

3. 碳质电阻器

碳质电阻器是用石墨粉、填料、黏合剂按一定比例配料后，加入引线，经压制、烧固、涂漆而成。碳质电阻器成本低，机械强度高。但是噪声大、精度和稳定性较差，分布电容和分布电感较大等，因而逐渐被碳膜电阻器代替。

4. 线绕电阻器

线绕电阻器是用镍铬丝或康铜丝绕在陶瓷骨架上，外面敷上釉质或保护漆而制成。线绕电阻器的阻值精度高、稳定性好、耐热性能好、额定功率大，但是阻值不能做得很高、体积较大，固有电感及电容较大，一般用于大功率或精度要求较高的低频电路中。

5. 电位器

电位器是一种电阻值可调的电阻器，按电阻体材料来分，有碳膜型、合成膜型、合金型等；按调节方式来分，有旋转式、直滑式等；按用途分为带开关和不带开关的普通电位器、精密电位器、功率电位器、微调电位器和专用电位器等。

按阻值变化特性分，电位器分为直线型、指数型和对数型。

直线型电位器的阻值变化与旋转角呈线性关系。它特别适用于要求调节均匀的场合，如分压器电路等。

指数型电位器的阻值变化与旋转角呈指数关系。在开始转动时，阻值增大变化较平缓，转动到一定角度后，阻值增大变化较陡。它适合于先细调后粗调的电路，如音量控制电路。

对数型电位器的阻值变化与旋转角成对数关系。它的阻值变化与指数型的相反，开始时变化很大，而后变化缓慢，适用于先粗调后细调的电路。

常用的电阻器的外形如图 2-4 所示。

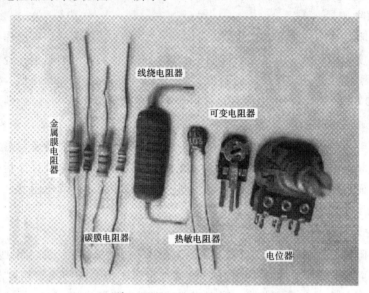

图 2-4 电阻器外形

2.1.5 电阻器的选用和检测

1. 类型选择

对于一般的电子电路，可选用碳膜电阻器，以降低成本；对于稳定性、耐热性、可靠性及噪声要求高的电路，选用金属膜电阻器；对于工作频率低，功率大，且对耐热性能要求较高的电路，可选用线绕电阻器。

2. 阻值及误差的选择

阻值应按标称值系列选取。阻值误差级应根据电阻在电路中所起的作用来选取，除了对精度有特别要求的电路外，一般电子线路中所用电阻器的阻值允许误差可在Ⅰ、Ⅱ、Ⅲ级中选择。

3. 额定功率的选取

电阻器在电路中实际消耗的功率不得超过其额定功率，为了保证电阻器长期使用不会变质或损坏，通常要求选用的电阻器的额定功率大于实际消耗功率的一倍以上。

4. 电阻器的检测

（1）万用表测量电阻值。把万用表拨至电阻挡的适当量程，用两个表笔分别与电阻器两个引脚相接。如果是用数字式万用表测量，就直接显示出该挡单位的电阻值；若是用指针式万用表测量，则测量出的电阻值＝表头指针偏转的欧姆刻度格数×电阻挡量程。考虑到存在测量误差和电阻器的允许误差，所测阻值应等于或近似等于标称阻值；阻值为零说明电阻器短路；阻值为无穷大说明电阻器断路。用指针式万用表测量电阻器阻值前，电阻挡要短路调零；由于电阻挡刻度的非线性，为了减小测量误差，测量时应恰当选择量程，使指针偏转到接近中间的位置。

（2）用指针式万用表核对电位器的阻值并检查接触状况。把万用表拨至电阻挡的适当量程，核对它的总阻值，然后，用一个表笔接活动臂引出端，另一个表笔接一个固定引出端，缓慢转动活动臂，观察表头指针的移动情况。如果表头指针移动平稳，说明滑动端与电阻体接触良好；如果出现表头指针跳动、摇摆等情况，说明滑动端与电阻体接触不良。

2.2 电 容 器

2.2.1 电容器的型号命名方法

电容器也是电子电路常用的基本元件之一。电容器有通过交流电、隔断直流电的特性，在电路中起耦合、滤波、与电感等元件组成谐振电路的作用等。电容器的种类很多，按其结构分，电容器可分为固定电容器、可变电容器和半可变电容器。电容器的符号如图 2-5 所示。

电容器的型号由四部分组成：第一部分为主称；第二部分为材料；第三部分为分类；第四部分为序号。各部分所用符号的意义见表 2-5。

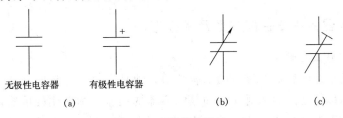

图 2-5　电容器的符号

（a）固定电容器；（b）可变电容器；（c）半可变电容器

表2-5　　　　　　　　　　　　　　电容器的型号命名方法

第一部分：主称		第二部分：材料		第三部分：分类					第四部分：序号
					意义				
符号	意义	符号	意义	符号	瓷介电容器	云母电容器	电解电容器	有机电容器	序号
C	电容器	C	瓷介	1	圆片	非密封	箔式	非密封	
		Y	云母	2	管形	非密封	箔式	非密封	
		I	玻璃釉	3	叠片	密封	烧结粉固体	密封	
		O	玻璃膜	4	独石	密封		密封	
		Z	纸介	5	穿心	—	烧结粉非固体	穿心	
		J	金属化纸	6	支柱	—		—	
		B	聚苯乙烯	7	—	—		高压	
		L	涤纶	8	高压	高压	无极性	特殊	
		Q	漆膜	9	—	—			
		S	聚碳酸酯				特殊		
		H	复合介质						
		D	铝						
		A	钽						
		N	铌						
		G	合金						
		T	钛						
		E	其他						

例如，铝电解电容器：

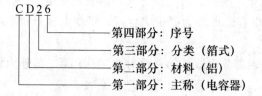

CD26
第四部分：序号
第三部分：分类（箔式）
第二部分：材料（铝）
第一部分：主称（电容器）

2.2.2　电容器的主要性能参数及其标志

1. 标称容量及允许误差

标称容量是指电容器上标志的电容数值，即是电容器容量的标称值。实际电容器的容量与标称值之间的相对误差即是电容器的误差。标准化的电容器容量的标称值系列及其允许误差如表2-6所示。电容器的标称容量是表中数乘以 10^n，其中 n 为整数。

表 2-6　　　　　　　　　　　电容器容量的标称值系列及其允许误差

类　别	允许误差	容量标称值系列	
纸介电容、金属化纸介电容、低频（有极性）有机薄膜介质电容	±5%	100pF～1μF	1.0　1.5　2.2　3.3　4.7　6.3
	±10% ±20%	1μF ～100μF	1　2　4　6　8　10　15　20　30　50　60 80　100
高频（无极性）有机薄膜介质电容、瓷介电容、玻璃釉电容、云母电容	±5%	1.0　1.1　1.2　1.3　1.5　1.6　1.8　2.0　2.2　2.4　2.7　3.0 3.3　3.6　3.9　4.3　4.7　5.1　5.6　6.2　6.8　7.5　8.2　9.1	
	±10%	1.0　1.2　1.5　1.8　2.2　2.7　3.3　3.9　4.7　5.6　6.8　8.2	
	±20%	1.0　1.5　2.2　3.3　4.7　6.8	
铝、钽电解电容	±10% ±20% +50% −20% +10% −10%	1.0　1.5　2.2　3.3　4.7　6.8（容量单位 μF）	

（1）电容器标称容量的标志方法。

1）容量的整数部分和小数部分分别写在容量单位标志符号的前面和后面。容量单位标志符号 m 表示毫法（10^{-3}F），μ 表示微法（10^{-6}F），n 表示纳法（10^{-9}F），p 表示皮法（10^{-12}F）。例如，2m2 表示 2200μF，$3\mu3$ 表示 3.3μF，10n 表示 0.01μF，2pF2 表示 2.2 pF。

2）用数码表示。数码一般为三位数，前两位为容量有效数字，第三位是倍乘数。但第三位倍乘数是 0 时，表示 $\times10^{-1}$，单位一律是 pF。例如，102 表示 10×10^2pF＝1000pF，103 表示 10×10^3pF＝0.01μF，150 表示 15×10^{-1}＝1.5 pF。

3）色标法。电容器的色标法原则上与电阻器色标法相同。其单位为 pF。

（2）电容器的误差通常分为±5%、±10%、±20%三个等级，其标志方法：一是将容量的允许误差直接标在电容器上；二是用罗马数字Ⅰ、Ⅱ、Ⅲ标在电容器上分别表示±5%、±10%、±20%三个误差等级；三是用英文字母 J、K、M 分别表示±5%、±10%、±20%误差等级。例如，224K 表示 0.22μF±10%。电解电容器的误差通常大于±20%。

电容器的误差也有用色标法来标记，与电阻器色标法相同。

2. 电容器的耐压

电容器的耐压指电容器在长期可靠地工作时所能承受的最大直流电压。电容器在交流电路中使用时，其耐压值不能低于交流电压的峰值。常用固定电容器的耐压值有

1.6V、4V、6.3V、10V、16V、25V、32*V、40V、50*V、63V、100V、125*V、160V、250V、300*V、400V、450*V、500V、630V、1000V 等多种等级，其中有"＊"符号的只限于电解电容器用。耐压值一般直接标在电容器上，有些小型电解电容器在正极根部标上色点来表示不同的耐压值，如棕色表示 6.3V，红色表示 10V，灰色表示 16V。

3. 绝缘电阻

绝缘电阻是指电容器两端所加的直流电压与漏电流之比。绝缘电阻越大，电容器的漏电流就越小，性能就越好。一般小容量固定电容器的绝缘电阻很大，可达 GΩ 以上，电解电容器的绝缘电阻约几百千欧。

2.2.3 电容器的主要种类

1. 纸介电容器

纸介电容器用浸蜡纸做绝缘介质，其结构简单、成本低，但是稳定性差，损耗大，有较大的固有电感量。主要用于要求不高的低频电路中。

金属化纸介电容器是纸介电容器的改良产品，它的体积、损耗和固有电感量都比一般纸介电容器小。

2. 云母电容器

云母电容器是用云母作绝缘介质，它的介质损耗小、稳定性好，具有很高的绝缘电阻和耐压，固有电感量小，云母电容器的容量范围比较小，通常用于高频电路中。

3. 瓷介电容器

瓷介电容器是以损耗极小的陶瓷材料作为介质，在其两面烧渗上银层作为电极而成。瓷介电容器体积小，介质损耗和固有电感量小，高频瓷介电容器稳定性好、绝缘电阻和耐压都高，但容量范围小。

铁电陶瓷电容器和独石电容器容量稍大些，约达几个微法。但稳定性较差，损耗相对较大。

4. 有机薄膜电容器

以聚苯乙烯或涤纶等各种有机薄膜为介质制成的电容器统称有机薄膜电容器。

聚苯乙烯电容器具有体积小、损耗小、绝缘电阻大、稳定性好等优点，容易制成各种规格的高精密的电容器。

涤纶电容器具有体积小、容量大、价格便宜等优点，但稳定性较差，适用于低频和技术要求不高的电路中。

5. 玻璃釉电容器

玻璃釉电容器是用玻璃釉作为介质，具有瓷介电容器和云母电容器的优点，即体积小、频率特性好、耐热性能好。

6. 电解电容器

电解电容器的介质是附着在金属极箔上的氧化膜，金属极箔由铝、钽、铌、钛等材料制成。电解电容器引出电极有正负之分，在负极引脚一侧的外壳上标有负极符号，有些还用引脚长短来区别正负极，长脚为正，短脚为负。在使用时，电容器的正极必须接高电位点，负极接低电位点，否则有可能使漏电流急剧增加，造成电容器发热损坏，严重时发生爆炸。

铝电解电容器的容量误差大，稳定性差，绝缘电阻小，常用于电源滤波、去耦合低频级间耦合。

钽电解电容器具有体积小、漏电流小、工作稳定性高，且耐高温、寿命长等优点。但该类型电容器价格较贵，适用于技术要求高的电路中。

常用的电容器的外形如图 2-6 所示。

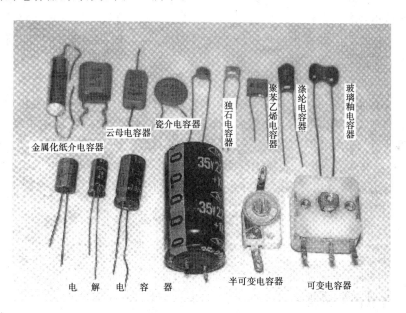

图 2-6　电容器外形

2.2.4　电容器的选用和检测

1. 电容器的选择

（1）类型选择。根据电容在电路中的作用和工作环境来选择合适类型的电容器。在高频电路中应选用云母电容器或高频瓷介电容器，在一般低频电路的级间耦合、旁路、电源滤波、去耦等电路中，应选用电解电容器。

（2）容量及精度选择。电容器的容量应选择靠近计算值的一个标称值。

对电容精度要求较高的振荡、延时、选频等电路，可选用高精度电容器；对电容精度要求不高的电路，一般的电容器都能满足使用要求。

（3）耐压值的选择。为了保证电容器的安全工作，被选用的电容器的耐压值要大于其实际工作电压，且留有一定的裕量。

2. 电容器的检测

可以用指针式万用表的电阻挡测试固定电容器是否短路、漏电或断路。用万用表电阻挡 $R \times 100$ 或 $R \times 1k$ 测试，当两个表笔棒接触电容器的两个引出脚时，对于 $0.1\mu F$ 以下的小容量电容器，表头指针应指在 $R = \infty$ 位置，对于容量相对较大的无极性电容器，表头指针很快地摆动一下（容量越小，指针摆动范围越小），最后回到 $R = \infty$ 处，如表头指针有一定的读数，说明该电容器严重漏电，如表头指针在 0Ω 位置，表明该电容器内部的介质已击穿，不能使用。对于有极性的电解电容器，一般容量较大，绝缘电阻不是很高，存在一定的漏电流。将万用表拨到 $R \times 100$ 挡或 $R \times 1k$ 挡，用红表笔接电容器的负极，黑表笔接电容器的正极，刚接触时，由于电容充电电流较大，表头指针迅速向右摆动一个角度，随着充电电流减小，指针逐渐向 $R = \infty$ 方向返回，待表头指针不动后，稳定处指示的电阻值即是电容器的漏电电阻值。电容器的漏电电阻越大，表明其漏电流越小。漏电电阻相对小的电容器质量不好。测量时，若表头指针到或接近欧姆零点，表明电解电容器内部短路。若指针不动，始终指在 $R = \infty$ 处，则意味着电解电容器内部断路或已失效。重复测量电解电容器时，下一次测量前应将电容器放电，即把电容器的两脚相碰一下，以中和电容器内部残存的电荷。

2.3　电　感　器

2.3.1　电感器的分类

电感器是用漆包导线在绝缘的骨架上绕一定的圈数制成。直流电可通过电感线圈，当交流信号通过电感线圈时，线圈两端将会产生自感电动势，自感电动势的方向与外加电压的方向相反，阻碍交流信号的通过。所以电感器有通过直流电、阻碍交流电的特性。

电感器通常分为两类：一类应用自感作用的电感线圈，另一类应用互感作用的变压器。电感器的符号如图 2-7 所示。

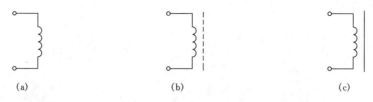

图 2-7 电感器的符号

(a) 空芯电感器；(b) 磁芯电感器；(c) 铁芯电感器

1. 电感线圈的种类

（1）低频扼流圈。低频扼流圈是一种有铁芯（硅钢片）的电感线圈，常用在音频或电源滤波电路中。

（2）高频电感线圈。高频电感线圈电感量较小，按用途分为调谐线圈、耦合线圈和高频扼流圈等。

（3）色码电感。它是将漆包线圈绕制在软磁铁氧体的磁芯上，用环氧树脂封装而成。其电感量范围大约在数微亨至几毫亨之间，外壳用色环或直接用数字标明电感量的数值。如果用色环标记电感量，其电感量的识别与四色环电阻器的识别一样，第一道色环和第二道色环的颜色分别表示电感量的第一位和第二位有效数字，第三道色环颜色表示有效数字后要乘以 10^n 的方次数，单位是微亨。它的最大工作电流用字母来表示，字母 A、B、C、D、E 表示最大工作电流分别是 50mA、150 mA、300mA、700mA、1600mA 。电感量的允许误差用 Ⅰ、Ⅱ、Ⅲ 分别表示 ±5%、±10%、±20% 三级误差。色码电感具有体积小、重量轻、安装方便、防潮性好等优点，广泛用于电视机、收录机等电子设备中的滤波、陷波、扼流等电路。

2. 变压器的种类

根据工作频率不同，变压器分低频变压器、中频变压器、高频变压器。

（1）低频变压器。低频变压器包括音频变压器和电源变压器。

（2）中频变压器（中周）。中频变压器具有谐振于某一固定频率的特性。中频变压器用于 LC 调谐放大电路中，在超外差式收音机中起选频和耦合作用。

（3）高频变压器。如天线线圈和振荡线圈都属于高频变压器。

2.3.2 电感器的检测

用万用表电阻挡检测电感线圈的直流电阻，可粗略判断线圈的好坏。一般高频线圈扎数少，电阻值很小；低频线圈扎数相对较多，电阻值也稍大一些。如果测出的阻值无穷大，说明线圈断路。

常用的电感器外形如图 2-8 所示。

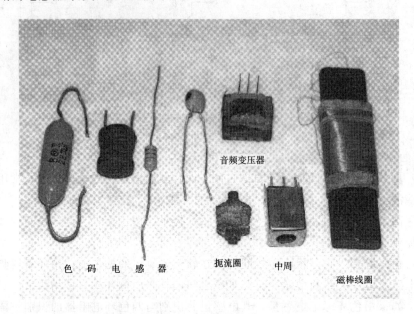

音频变压器

色 码 电 感 器　　　　　扼流圈　　　中周

磁棒线圈

图 2-8　电感器外形

2.4　半 导 体 二 极 管

2.4.1　半导体器件的型号命名方法

国产半导体器件的型号由五部分组成。各部分符号表示的意义见表 2-7。

表 2-7　　　　　　　　　　　　半导体器件型号命名方法

第一部分		第二部分			第三部分		第四部分	第五部分
用数字表示器件的电极数目		用字母表示器件的材料和极性			用字母表示器件类型		用数字表示器件序号	用字母表示规格号
符号	意义	符号	意义		符号	意义		
2	二极管	A	N 型，锗材料		P	普通管		
3	三极管	B	P 型，锗材料		V	微波管		
		C	N 型，硅材料		W	稳压管		
		D	P 型，硅材料		C	参量管		

第一部分		第二部分		第三部分		第四部分	第五部分
用数字表示器件的电极数目		用字母表示器件的材料和极性		用字母表示器件类型		用数字表示器件序号	用字母表示规格号
符号	意义	符号	意义	符号	意义		
		A	PNP 型，锗材料	Z	整流管		
		B	NPN 型，锗材料	L	整流堆		
		C	PNP 型，硅材料	S	隧道管		
		D	NPN 型，硅材料	N	阻尼管		
		E	化合物材料	U	光电器件		
				K	开关管		
				X	低频小功率管		
				G	高频小功率管		
				D	低频大功率管		
				A	高频大功率管		
				T	可控整流器		
				Y	体效应器件		
				B	雪崩管		
				J	阶跃恢复管		
				CS	场效应管		
				BT	半导体特殊器件		
				FH	复合管		
				PIN	PIN 型管		
				JG	激光器件		

2.4.2 半导体二极管的种类

半导体二极管是由一个 PN 结组成的半导体器件，它有两个电极，从 P 型半导体引出的极为正极，从 N 型半导体引出的极为负极。二极管具有单向导电特性。它的符号如图 2-9 所示。

按用途分有整流二极管、检波二极管、开关二极管、稳压二极管、发光二极管、变容二极管等。

正极

负极

图 2-9　二极管的符号

（1）整流二极管。整流二极管是面接触型结构，多采用硅材料制成。PN结的面积较大，能通过较大的电流，但因结电容大，不适宜在高频电路中使用。国产的整流二极管为 2CZ 系列。

（2）检波二极管。检波二极管的 PN 结接触面较小，其结电容小，高频工作性能好。国产的检波二极管为 2AP 系列。

（3）开关二极管。开关二极管的开关速度很快，常用于自动控制电路及数字电路中，作为开关使用。国产的开关二极管为 2AK 系列。

市场上常见的进口整流二极管典型产品有塑料封装的硅整流二极管 1N4001～1N4007，1N5400～1N5408 等，开关二极管典型产品有玻璃封装的高速开关硅二极管 1N4148、1N4448 等。其技术参数见表 2-8。

表 2-8　　　　　　　　　　　常见的二极管技术参数

参　数 型　号	最高反向工作电压 U_{RM} （V）	最大整流电流 I_F （A）	最大正向压降 U_{FM} （V）
1N4001	50		
1N4002	100		
1N4003	200		
1N4004	400	1.0	≤1.0
1N4005	600		
1N4006	800		
1N4007	1000		
1N5400	50		
1N5001	100		
1N5002	200		
1N5003	300		
1N5004	400	3.0	≤1.2
1N5005	500		
1N5006	600		
1N5007	800		
1N5008	1000		
1N4148 1N4448	75	0.45	≤1.0

常见的半导体二极管外形如图 2-10 所示。

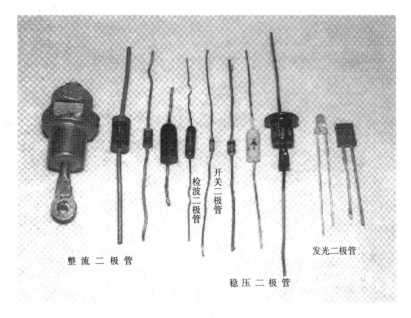

图 2-10　半导体二极管外形

2.4.3　二极管的主要参数

（1）最高反向工作电压 U_{RM}。指二极管工作时允许加的最高反向电压。若外加的反向电压超过此值，就有可能造成二极管被反向击穿而损坏。

（2）最大整流电流 I_F。指二极管长期工作时允许通过的最大正向平均电流。流过二极管的平均电流不能超过此值，否则，将导致二极管因过热而损坏。

（3）反向电流 I_R。指二极管反偏截止时的反向电流值。I_R 越小，表明二极管的单向导电性能越好。

（4）最高工作频率 f_M。主要由 PN 结结电容的大小决定。信号频率超过此值时，结电容的容抗变得很小，使二极管反偏时的等效阻抗变得很小，反向电流很大。于是，二极管的单向导电性能变坏。

2.4.4　二极管的选用和检测

（1）类型选择。根据二极管在电路的作用选择相应类型的二极管，在整流电路中选用整流二极管；在检波电路中选用检波二极管等。点接触型二极管的工作频率高，但不能承受较高的电压和通过较大的电流，多用于检波、小电流整流或高频开关电路。面接触型二极管能够承受较高的电压和通过较大的电流，但因其结电容大，工作频率低，只适用于频率较低的整流、低频开关电路等。

（2）二极管的主要参数选择。选用整流二极管主要考虑二极管的最高反向工作电压 U_{RM} 和最大整流电流 I_F 是否合适，且尽量选用正向压降和反向电流都小的管子；选用检波二极管时，要求工作频率高，正向电阻小；选用开关二极管时，要求正向压降和反向电流都要小，开关工作速度快。

（3）二极管的检测。二极管正极和负极的识别方法：大多数小功率二极管靠近负极的外壳上标有一色环，有些二极管外壳上有二极管符号，以此来表示二极管的正极和负极。发光二极管的正极和负极可从引脚长短来识别，长脚为正极，短脚为负极。

可以用万用表电阻挡来判别二极管的正极和负极，以及 PN 结的好坏。将指针式万用表的测量选择开关拨至 $R \times 100$ 挡或 $R \times 1k$ 挡（测量小功率二极管时，不宜使用 $R \times 1$ 挡或 $R \times 10k$ 挡。因为 $R \times 1$ 挡有较大的输出电流，有可能造成二极管因流过的正向电流过大而损坏；$R \times 10k$ 挡有较高的输出电压，易将二极管反向击穿），用两个表笔分别接触二极管的两个引出脚，测出二极管的电阻值，然后对调表笔再测一次二极管的电阻值。两次测量，若一次测出的阻值较小（锗管 $100\Omega \sim 1k\Omega$ 左右，硅管 $700\Omega \sim 2.8k\Omega$ 左右），另一次测出的阻值较大（锗管几十千欧姆以上，硅管几百千欧姆以上），两次测出的电阻值相差很大，说明该二极管是好的，正反向电阻差值越大越好。测出阻值较小的那次与黑表笔相接的引出脚为正极。如果两次测量值相差不大，表明该二极管质量不好；如果两次测量值均近似为零或无穷大，表明该管已经击穿短路或断路，不能使用。用数字式万用表电阻挡去测量二极管时，红表笔接二极管的正极，黑表笔接二极管的负极，此时测得的电阻值才是二极管的正向导通阻值，这与指针式万用表的表笔接法刚好相反。

由于二极管是非线性元件，用不同量程的欧姆挡或不同型号的万用表测试同一个二极管时，测出的二极管正向电阻值（或反向电阻值）是不一样的。但是质量好的二极管正向电阻很小，反向电阻很大，正反向电阻差值达几百倍。

2.5 半导体三极管

2.5.1 半导体三极管的类型

半导体三极管是电子电路常用的一种半导体器件，在放大电路中三极管作为放大元件来使用，在数字电路中三极管常作为无触点开关元件来使用。半导体三极管有 NPN 型和 PNP 型两种结构类型，它们的多数载流子和少数载流子都参与了导电，所以将它们称为双极型三极管。

按三极管所用半导体材料分有硅管和锗管；按工作频率分有低频管、高频管和开关管；按工作功率分有小功率管、中功率管、大功率管。三极管的符号如图 2-11 所示。

国产的三极管型号命名方法见表 2-7。目前市场上常见有许多进口的三极管。进口的三极管型号命名方法见表 2-9。

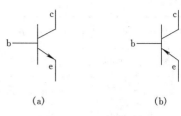

图 2-11　三极管的符号

（a）NPN 型；（b）PNP 型

表 2-9　　　　　　　　　进口的三极管型号命名方法

型号部分 生产地	第一部分	第二部分	第三部分	第四部分	第五部分
日　本	2	S	A（PNP 高频） B（PNP 低频） C（NNP 高频） D（NPN 低频）	两位以上数字表示登记序号	用 A、B、C 表示对原型的改进
美　国	2	N	多位数字表示登记序号		
欧　洲	A（锗材料） B（硅材料）	C（低频小功率） D（低频大功率） F（高频小功率） L（高频大功率） S（小功率开关管） U（大功率开关管）	三位数字表示登记序号	β 参数分挡标记	

市场上常见的韩国产的三极管型号和参数见表 2-10。

表 2-10　　　　　　　　　常见的三极管型号和主要参数

型　号	极　性	用　途	$V_{(BR)CEO}(V)$	$I_{CM}(mA)$	$P_{CM}(mW)$	$f_T(MHz)$
9011	NPN	通用型高放	30	30	400	150

续表

型 号	极 性	用 途	$V_{(BR)CEO}(V)$	$I_{CM}(mA)$	$P_{CM}(mW)$	$f_T(MHz)$
9012	PNP	小功率放大	−20	500	625	150
9013	NPN	小功率放大	20	500	625	140
9014	NPN	前置低放	45	100	450	100
9015	PNP	前置低放	−45	100	450	100
9016	NPN	超高频放大	20	25	400	500
9018	NPN	超高频放大	15	50	400	600
8050	NPN	小功率放大	25	1500	1000	100
8550	PNP	小功率放大	−25	1500	1000	100
2N5551	NPN	通用型放大	160	600	625	100
2N5401	PNP	通用型放大	−150	600	625	100

常见的半导体三极管外形如图 2-12 所示。

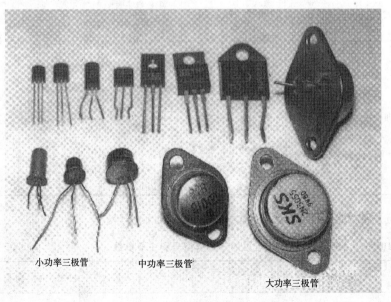

小功率三极管　　　　中功率三极管

大功率三极管

图 2-12　三极管外形

2.5.2 三极管的主要参数

（1）共发射极电流放大系数 β。$\beta = \Delta I_C / \Delta I_B$，它是三极管电流放大作用能力强弱的参数指标。

（2）集—射反向电流 I_{CEO}。I_{CEO} 为基极开路时，由集电区穿过发射区的穿透电流。

（3）集电极最大允许电流 I_{CM}。指三极管的参数变化不超过允许值时，集电极最大允许电流。

（4）集电极最大允许功率损耗 P_{CM}。指三极管的参数变化和集电结温度上升不超过允许值时，集电结最大允许功率损耗。

（5）集—射反向击穿电压 $V_{(BR)CEO}$。指基极开路时，集电极与发射极之间的反向击穿电压。

2.5.3 三极管的选用和检测

1. 三极管的选用

（1）类型选择。根据三极管在电路的作用选择相应类型的三极管。如在低频电压放大电路和高频电压放大电路中分别选用低频管和高频管；在功率放大电路中选用功放管；在开关电路中选用开关三极管；在温度变化大的环境中应选用硅管。

（2）三极管的参数选择。选用的三极管要有一定大小的电流放大系数 β，小功率三极管的 β 值不能太小，也不宜太大；各极间反向击穿电压要大于其所承受的实际电压；集电极最大允许电流 I_{CM} 要大于集电极实际工作电流的最大值；集电极最大允许功率损耗 P_{CM} 要大于集电结实际耗散功率的最大值；极间反向电流要小；工作频率要满足要求。

2. 三极管的检测

（1）判别三极管的管型和管脚。三极管是 NPN 型还是 PNP 型，对于国产型号的三极管可以从管壳上标注的型号来辨别。根据国产半导体器件的型号的命名标准，三极管型号的第二位字母 A、C 表示 PNP 管，B、D 表示 NPN 管。对于进口的三极管可以查阅有关的资料。

判别三极管的管脚可以查阅器件手册或资料，对照该三极管的管脚排列图识别三极管的 e 极、b 极和 c 极。三极管有金属壳和塑封装等外形，常见的三极管管脚排列如图 2-13 所示。表 2-10 中的三极管都为塑封装，其外形和管脚排列如图 2-13（a）所示。

也可以用万用表电阻挡判别三极管管脚。步骤如下：

1）判别基极和类型。将指针式万用表的测量选择开关拨至 $R \times 100$ 挡或 $R \times 1k$ 挡，将黑表笔接到某一假定的基极上，红表笔分别接另外两个管脚。如果两次测得的

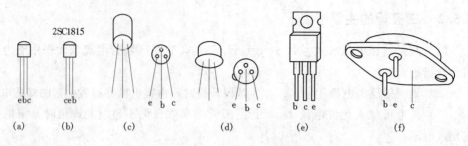

图 2-13 常见三极管管脚排列

电阻值都很小，表明该管是 NPN 管，其中黑表笔所接的那一管脚是基极；如果两次测得的电阻值都很大，表明该管是 PNP 管，其中黑表笔所接的那一管脚是基极；如果两次测得的电阻值中一次电阻值大，另一次电阻值小，那么黑表笔接的管脚就不是基极，此时再假定另一管脚为基极，按上述步骤，重新进行类似的测试，直至找到基极和判别出管型。

2）判别集电极和发射极。在判别出基极和管型的基础之上，在余下的两个管脚中，任意假定一个为集电极，另一个为发射极，将指针式万用表的测量选择开关拨至 $R \times 100$ 挡或 $R \times 1k$ 挡，如果是 NPN 型三极管，黑表笔接假定的集电极，红表笔接假定的发射极，用较湿润的手将基极与假定的集电极捏住，注意不要让两个电极直接接触，测得一电阻值；然后将两表笔交换，用手将基极与重新假定的集电极捏住，又测得一电阻值，两次测量中阻值小的一次黑表笔接的是集电极，红表笔接的是发射极。如果是 PNP 型三极管，红表笔接假定的集电极，黑表笔接假定的发射极，用较湿润的手将基极与假定的集电极捏住，测得一电阻值；然后将两表笔交换，用手将基极与重新假定的集电极捏住，又测得一电阻值，两次测量中阻值小的一次红表笔接的是集电极，黑表笔接的是发射极。

（2）估测电流放大系数 β。用具有测量三极管电流放大系数的万用表 h_{FE} 挡来估测三极管的 β 值。

（3）三极管损坏的判断。当三极管内部的 PN 结损坏时，可判定该三极管损坏，不能使用。

2.5.4 场效应管

场效应管也是一种半导体三极管，它是通过改变输入电压（即利用电场效应）来控制输出电流的，属于电压控制型器件。场效应管只是多数载流子参与导电，所以称为单极型三极管。场效应管分为结型场效应管（JFET）和绝缘栅场效应管（MOS-FET）两大类。场效应管具有输入阻抗高、制造工艺简单、便于集成等优点。所以场效应管在大规模集成电路中得到了广泛的应用。

功率 MOS 管（简称 VMOS 管）具有电流容量大，耐压高，开关速度快等优点，因此在音频和视频功率放大电路、大功率电源电路以及高速开关等方面得到日益广泛的应用。许多 VMOS 管内有保护三极管，可有效地避免外界感应电荷对管子的损坏。

MOS 管栅源之间的输入电阻很高，使得栅极的感应电荷不易通过输入电阻泄放。且由于栅极与衬底间的电容很小，而小容量电容只要少量电荷就有可能产生很高的电压，因此造成绝缘栅被击穿。所以在保存 MOS 管时，应使三个电极短接，避免栅极悬空。在安装或拆卸时，应先将三个电极短接，电烙铁外壳应良好接地，或者用试电笔检查电烙铁外壳的金属部分有无漏电和感应电荷，如果有感应电荷，可断开电烙铁的电源，利用烙铁头的余热焊接或熔化焊锡，避免因电烙铁存在感应电荷而使 MOS 管栅极击穿。

2.6 集 成 运 算 放 大 器

2.6.1 集成电路命名方法

国产半导体集成电路型号命名方法见表 2-11。

表 2-11　　　　国产半导体集成电路型号命名方法

第一部分		第二部分		第三部分	第四部分		第五部分	
用字母表示器件符合国家标准		用字母表示器件的类型		用阿拉伯数字表示器件的系列和品种代号	用字母表示器件的工作温度范围		用字母表示器件的封装	
符号	意义	符号	意义		符号	意义	符号	意义
C	中国制造	T	TTL		C	0～70℃	W	陶瓷扁平
		H	HTL		E	−40～85℃	B	塑料扁平
		E	ECL		R	−55～85℃	F	全密封扁平
		C	CMOS		M	−55～125℃	D	陶瓷直插
		F	线性放大器				P	塑料直插
		D	音响、电视电路				J	黑陶瓷直插
		W	稳压器				K	金属菱形
		J	接口电路				T	金属圆形
		B	非线性电路					
		M	存储器					
		μ	微型机电路					

示例：

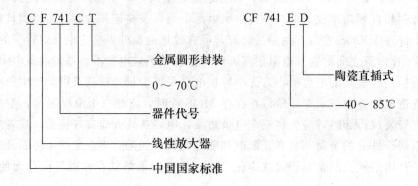

2.6.2　集成电路分类

集成电路是采用一定的工艺将元器件和连接导线制作在一块半导体基片上，构成具有一定功能的电路组件。集成电路按制造工艺分有双极型集成电路和单极型集成电路；按其功能分为模拟集成电路和数字集成电路两大类。模拟集成电路是用来产生、放大和处理各种模拟信号的集成电路。模拟集成电路的种类很多，有集成运算放大器、集成功率放大器、集成稳压器等；数字集成电路是处理数字信号的集成电路。数字集成电路包括各种集成逻辑门电路、集成触发器等。

2.6.3　集成运算放大器的分类

集成运算放大器是由多级直接耦合放大电路所组成的一种模拟集成电路，其具有开环差模电压增益高、共模抑制比大、开环输入电阻高、开环输出电阻低等特点。集成运算放大器品种很多，按构造分类有双极型集成运算放大器、结型场效应管输入的集成运算放大器、MOS 型集成运算放大器、COMS 型集成运算放大器；按特性分类有通用型集成运算放大器和专用型（高性能型）集成运算放大器。通用型集成运算放大器能够满足一般要求条件下使用；专用型集成运算放大器适合某些特别要求条件下使用，这种类型集成运算放大器的某些特性参数比通用型的优良，如有高速型、高阻型、高压型、低功耗型、宽带型、大功率型、高精度型等。

2.6.4　常见的集成运算放大器参数及引脚排列

常用的集成运算放大器的参数见表 2-12。

表 2-12 常用的集成运算放大器的参数

参数 \ 型号	μA741（双极型）	LM358（双极型）	LM324（双极型）	TL082（JFET 输入）	CA3140（MOS 输入）
输入失调电压（mV）	2	2	2	3	2
输入失调电流（nA）	30	20	5	3	5.0×10^{-4}
输入偏流(nA)	200	80	45	7	100×10^{-4}
输入电阻(kΩ)	1000	1000	1000	100×10^7	150×10^7
转换速率（V/μs）	0.5	0.5	0.5	13	9
主要特点	单运放、差模和共模电压范围宽	双运放、静态功耗低、可单电源工作	四运放、静态功耗低、可单电源工作	双运放、噪声低、输入阻抗高、输入失调电流小	单运放、输入阻抗高、输入失调电流、偏流小、频带宽
同类产品	LM741 CF741 AD741 MC1741	LM158 LM258 CF358 AN358	LM224 μA324 SF324 μPC324	TL072 LF353 μA772 NJM353	CF3140 F072 FX3140 DG3140
管脚排列图	图 2-14(a)	图 2-14(b)	图 2-14(c)	图 2-14(b)	图 2-14(a)

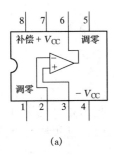
(a)

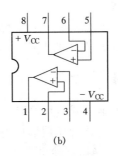
(b)

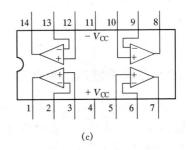
(c)

图 2-14 集成运算放大器的引脚排列

2.6.5 集成运算放大器的选用和检测

1. 集成运算放大器的选用

选择集成运算放大器时，确定是选用通用型还是专用型，在一般的电路中，优先选用通用型集成运放，比较各类集成运放的优劣，选用合适的产品。根据电路的需要，选用专用型集成运放，如对集成运放输入电阻要求高的电路，要选用场效应管为输入级的高阻型集成运放；工作频带宽的电路应选用宽带型集成运放等。

集成运放一般是采用正、负双电源工作，正、负电源电压值要相等，工作电源电压一般是正、负 15V，可以降低使用；为了消除电源内阻引起的低频自激，可以在正、负电源接线与地之间分别加 $0.01 \sim 0.1 \mu F$ 的电容退耦；高输入阻抗电路，应特别注意印刷电路板的防潮、绝缘及屏蔽；为了防止集成运放的差模或共模输入电压过高，造成集成运放损坏，必要时应加输入保护电路。

2. 运算放大器的简易检测

用万用表电阻挡检测运算放大器的电源端、输出端以及各端对"地"是否短路，粗略判断运算放大器是否损坏。用运算放大器接成简单的反相运算电路后，将输入端短路，测量输出端电压是否为零。如果输出端电压不为零，且较大。则表明运算放大器工作不正常或损坏。

2.7　集　成　稳　压　器

2.7.1　集成稳压器的种类

集成稳压器又称三端集成稳压器，它有三个引出端，即不稳定的电压输入端、稳定的电压输出端和公共端。集成稳压器具有体积小、重量轻、价格便宜、使用方便，有过热、短路电流限流保护等保护措施。

集成稳压器分三端固定输出集成稳压器和三端可调输出集成稳压器两大类；从输出电压极性来分，有正输出电压和负输出电压两大类。

2.7.2　三端固定输出集成稳压器

三端固定输出集成稳压器输出电压不可调。其中 78×× 系列为正电压输出；79××系列为负电压输出。×× 两位数字代表该稳压器输出电压数值，以伏特为单位。如 7805 表示稳压器输出为 +5V，7912 表示稳压器输出为 -12V 等。78×× 系列（79××系列）稳压器的输出电压值有 5V、6V、9V、12V、15V、18V、24V 等产品，最大输出电流以 78（或 79）后面字母区分：L 为 0.1A，M 为 0.5A，无字母为 1.5A。

2.7.3　三端可调输出集成稳压器

这类集成稳压器输出电压在一定范围内可调。其三端是电压输入端、电压输出端和电压调整端。在电压调整端外接电位器后，可对输出电压进行调节。LM117/LM217/LM317 系列的输出电压可在 1.2～37V 范围内调节；LM137/LM237/LM337 系列的输出电压可在－1.2～－37V 范围内调节。它们的最大输出电流为 1.5A 。同一系列的内部电路和工作原理基本相同，只是工作温度不同，如 LM117/LM217/LM317 的工作温度分别是－55～150℃、－25～150℃、0～120℃。三端集成稳压器的外形和引脚排列如图 2-15 所示。

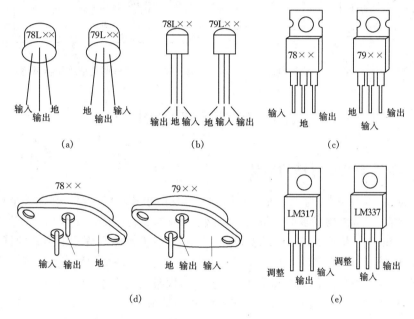

图 2-15　三端集成稳压器的外形和引脚排列

2.7.4　集成稳压器的应用

1. 固定集成稳压器的基本应用

图 2-16 是 78×× 系列的典型应用电路。其中 C_2、C_3 的作用是高频旁路以及防止自激振荡，最好采用钽电容或瓷介电容。要求输入电压 U_1 比输出电压 U_O 高 2V 以上。

2. 三端可调集成稳压器的基本应用

图 2-17 是三端可调集成稳压器 LM317 系列的典型应用电路。输出电压为 $U_O = U_{REF}(1 + R_P/R_1) \approx 1.25V(1 + R_P/R_1)$，式中的 U_{REF} 是集成稳压器输出端（OUT）与调整端（ADJ）之间的基准电压 1.25V。要求输入电压 U_1 比输出电压 U_O 高 2V 以上。

R_1 取值 $120\sim240\Omega$。调节 R_P 可以改变输出电压大小。R_1 和 R_P 的精度尽量要高；R_1 要紧靠在稳压器输出端和调整端间接线，以免当输出电流大时的附加压降会影响输出精度；C_2 应采用钽电容或采用 $10\sim22\mu F$ 的电解电容。

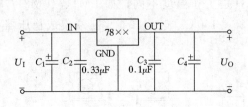

图 2-16　固定输出稳压电路

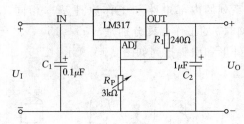

图 2-17　三端可调集成稳压器基本应用电路

2.8　集成 555 定时器

2.8.1　集成 555 定时器的类型

　　555 定时器又称时基电路，是一种用途很广泛的单片集成电路。在其外部配上适当的阻容元器件，就能构成多谐振荡器、单稳态触发器、施密特触发器等，以及作为报警电路、定时电路、检测电路、电源变换电路、频率变换电路等等。由于它的性能优良，使用灵活方便，因而在自动控制、家用电器和电子玩具等许多领域得到广泛的应用。

　　555 定时器的产品有双极型和 CMOS 型两大类，这两类型均有单定时器和双定时器。双极型单定时器型号为 555，双定时器型号为 556；CMOS 型单定时器型号是 7555，双定时器型号为 7556。双极型定时器使用的电源电压为 $4.5\sim16V$，静态电流约为 $10mA$，吸入电流 $10\sim100mA$，拉出电流 $10\sim20mA$，放电端的放电电流小于 $200mA$；CMOS 型定时器的电源电压为 $3\sim18V$，静态电流约为 $0.1mA$，吸入电流 $5\sim20mA$，拉出电流 $1\sim5mA$，放电端的放电电流小于 $50mA$。它们的数值是随着电源电压的提高而增大。双极型定时器带负载能力比 CMOS 型的强，双极型定时器可直接驱动小型继电器、微电机和低阻抗扬声器，而 CMOS 型定时器只能直接驱动 LED 管或压电陶瓷蜂鸣器。CMOS 型功耗低、输入阻抗高，定时元件的选择范围大，所以适合用于长定时电路中。双极型和 CMOS 型的定时器逻辑功能与外部引脚排列完全相同。

2.8.2　集成 555 定时器的引出端功能

　　单定时器为 8 脚双列直插型，其引脚排列如图 2-18(a) 所示。双极型定时器为 14

脚双列直插型,其引脚排列如图2-18(b)所示。定时器的功能如表2-13。

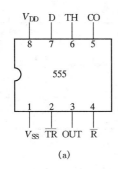

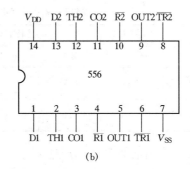

图 2-18 定时器的引脚排列

(a) 8 脚双列直插型;(b) 14 脚双列直插型

表 2-13　　　　　　　　　　555 定 时 器 功 能 表

输　　入			输　　出	
直接复位 $\overline{R}$	复位控制端 TH	置位控制端 $\overline{TR}$	输出 OUT	放电端 D
0	X	X	0	导通
1	$>(2/3)V_{DD}$	$>(1/3)V_{DD}$	0	导通
1	$<(2/3)V_{DD}$	$>(1/3)V_{DD}$	不变	不变
1	$<(2/3)V_{DD}$	$<(1/3)V_{DD}$	1	截止

2.9　常用数字集成电路

2.9.1　数字集成电路的种类和特点

数字集成电路按功能分有逻辑门电路、组合逻辑电路、集成触发器、时序逻辑电路等;按电路所使用的器件分为双极型(如 TTL)和单极型(如 CMOS)集成电路。

1. TTL 集成电路

TTL 集成电路具有工作速度较快等优点。根据工作温度的不同和电源电压允许工作范围的不同,TTL 集成电路分为 74 系列和 54 系列两大类。它们具有相同的电气性能参数,只是 54 系列为军用产品,54 系列的 TTL 集成电路更适合在温度条件恶劣、工作电源电压变化较大的环境中工作。74 系列为民用产品,74 系列的 TTL 集成电路适合常规条件下工作。74TTL 系列与 54TTL 系列的工作电源电压和工作环境温度如表 2-14 所示。

表 2-14   74TTL 系列与 54TTL 系列的比较

参数 系列	电源电压 V_{DD}(V)			工作环境温度 T(℃)	
	最小	标准	最大	最小	最大
74TTL	4.75	5	5.25	0	70
54TTL	4.5	5	5.5	−55	+125

74TTL 系列有各种子系列产品:

(1) 74 系列。这是标准 TTL 系列,该系列基本陶汰,很少使用。

(2) 74L 系列。这是低功耗 TTL 系列,该系列基本陶汰,很少使用。

(3) 74H 系列。这是高速 TTL 系列,该系列也很少使用。

(4) 74S 系列。这是肖特基 TTL 系列,工作速度进一步得到提高。

(5) 74LS 系列。这是低功耗肖特基 TTL 系列,相当于我国的 CT4000 系列。该系列生产量大、品种多,价格便宜,是目前 TTL 数字集成电路的主要产品,现在使用较多。

(6) 74AS 系列。是高速肖特基 TTL 系列,它是肖特基 TTL 电路的改进电路。

(7) 74ALS 系列。是高速低功耗肖特基 TTL 系列,它是低功耗肖特基 TTL 电路的改进电路。

2. CMOS 集成电路

CMOS 集成电路具有功耗低,电源电压范围宽,噪声容限高,输入阻抗大等优点。近年来,随着集成制造工艺的发展,出现的 74HC 系列达到了与传统 TTL 大体相同的工作速度。CMOS 集成电路也有各种系列,有:

(1) 标准型 CMOS 电路。4000 系列、4500 系列。

(2) 高速型 CMOS 电路。40H×× 系列,它与 TTL74 系列引脚兼容。

(3) 新高速型 CMOS 电路。74HC 系列,它的工作频率与 TTL 相当。74HC 系列又有四个小系列,其中:

1) 74HC×× 系列与 TTL74 系列引脚兼容。

2) 74HC4000 系列与 4000 系列引脚兼容。

3) 74HC4500 系列与 4500 系列引脚兼容。

4) 74HCT×× 系列除引脚与 TTL74 系列兼容外,输入电平也与 TTL 电路相同,而输出是 CMOS 电平。现在,当用 TTL 器件驱动 CMOS 器件时,CMOS 器件选用 74HCT×× 系列,就不必使用专门的电平转换器件。

(4) 先进的高速型 CMOS 电路。74AC 系列，它又有两个小系列：74AC××系列和 74ACT××系列，它们的引脚与 TTL74 系列兼容。其中 74ACT××系列的输入电平也与 TTL 电路相同，而输出是 CMOS 电平，工作频率比 74HC 高几倍。

表 2-15 列出了主要的 TTL 和 CMOS 系列的特性参数。

表 2-15　　　　　　TTL 和 CMOS 的输入、输出特性参数($V_{DD}=+5V$)

系列 参数	TTL 74 系列	TTL 74LS 系列	CMOS CD4000 系列	CMOS 74HC 系列	CMOS 74AC 系列	CMOS 74HCT 系列	CMOS 74ACT 系列
$U_{OHmin}(V)$	2.4	2.7	4.95	4.4	4.4	4.4	4.4
$U_{OLmax}(V)$	0.4	0.5	0.05	0.1	0.1	0.1	0.1
$I_{OHmax}(mA)$	-4	-4	-0.4	-4	-24	-4	-24
$I_{OLmax}(mA)$	16	8	0.4	4	24	4	24
$U_{IHmin}(V)$	2	2	3.5	3.15	3.15	2	2
$U_{ILmax}(V)$	0.8	0.8	1.5	0.9	0.9	0.8	0.8
$I_{IHmax}(\mu A)$	40	20	1	1	1	1	1
$I_{ILmax}(mA)$	-1.6	-0.4	-1×10^{-3}	-1×10^{-3}	-1×10^{-3}	-1×10^{-3}	-1×10^{-3}

2.9.2　数字集成电路应用须知

1. TTL 器件使用注意事项

(1) TTL 电路的电源电压为 5V。高于 5.5V，会损坏器件，低于 4.5V，功能失常。在印刷电路板电源正端上，用 $10\sim100\mu F$ 的旁路电容接地，以避免由于电源通断的瞬间变化产生电压冲击。

(2) 不用的输入端一般不采用悬空的方法处理，而是根据器件的逻辑功能将不用的输入端接地(如或门)或接电源正极(如与门)，也可以将不用的输入端与使用的输入端并联。

2. CMOS 器件使用注意事项

(1) CMOS 电路的直流工作电源正极接 V_{DD}，负极接 V_{SS}，不可接反。标准型 CMOS 电路 4000 系列的电源电压范围为 $3\sim15V$，最大不允许超过极限值 18V；在高速 CMOS 电路中，40H 系列的电源电压范围为 $2\sim8V$，74HC 系列的电源电压范围为2～6V，74HCT系列的电源电压范围为4.4～5.5V，74AC系列的电源电压范围为2～5.5V。

（2）为了防止窜入电源的低频和高频干扰，可在V_{DD}和V_{SS}之间就近并接约$10\mu F$钽电解电容和$0.01\mu F$的瓷介电容。

（3）不用的输入端不应悬空，可根据电路的逻辑功能将不用的输入端接地（如或门）或接电源正极（如与门）；不用的输入端也不宜与使用的输入端并联，因为这样会增大输入电容，使电路工作速度下降。

（4）为防止静电击穿，在CMOS内部电路的输入端都有保护网络，但是，保护网络所能承受的静电和干扰脉冲的能量有一定的限度，因此，在使用CMOS器件时，还是要采取一些预防措施：

1）CMOS器件在存放和运输中，应放在金属屏蔽盒，或用铝箔包好。

2）在焊接CMOS器件时，电烙铁外壳要良好接地，或者断开电烙铁的电源，利用烙铁头的余热焊接。

2.9.3 部分数字集成电路引脚排列

1. TTL系列

TTL系列数字集成电路引脚排列如附录1所示。

2. CMOS系列

CMOS系列数字集成电路引脚排列如附录2所示。

第 3 章

印制电路板的制作与焊接工艺

本章主要介绍印制电路板的设计、制作与焊接工艺，是电子制作实训的一个主要内容，也是一项重要的基本技能。

3.1 手工制作电路的整机布局

无线电爱好者制作某一电子设备，在资料比较完备的情况下，一般可直接根据原始资料中提供的印制底板电路图、零件安装图进行组装。但如果手头缺少印制底板电路图、零件安装图等资料，或者这个电路是自己组合设计的，那么就要先进行整机的总体布局设计。

3.1.1 外观设计

进行整机的总体布局设计之前，应根据这种电子设备的需要和使用环境，确定它的外观形式。常见的外观形式有：袖珍便携式、大型台式、落地式、仪表台式等几种。从美观的角度来看，常把整机设计成扁平低矮的"卧式"，或设计成高耸的"立式"。电子设备的外形如果设计成"不高不矮"的正方体是很难看的。

外观设计的另一个主要内容就是面板的设计。电子设备的面板安置应从使用方便和外形美观两个方面考虑。旋钮、开关、插口要放在使用顺手的地方。刻度盘、指示仪表和发光二极管的安置，应便于观察。一般说来要求面板上各部件间的距离较为匀称，但不必完全对称。不对称的安排方式常更富有美感。面板上的饰物，如塑料面板、铝制面板、刻度盘、旋钮等，通常应购买成品，当然也可以自制。

3.1.2 内部零件安排

元器件的排列对设备的性能影响很大。因此在动手安装之前，应先仔细分析电路图，根据电路要求，将元器件合理地安排在机壳内和印制电路板上。

考虑元器件排列时，应注意以下几点：

（1）合理安排各种可调元器件的位置。力求做到使用、调整方便、安全。这些可调元器件包括电位器、可变电容器、电源开关、波段开关、功能选择开关、按钮，及各种接口（信号输入、输出插座、接线柱等）。

（2）在机内安装扬声器应考虑声学效果。显像管、示波器、调谐指示盘、发光二极管、指示电表、频率刻度盘都要装在设备的正面，并放在目视方便的位置上。

（3）带录音机心的电子设备，应仔细安排机芯、按钮、带仓门的位置。有些录音机芯的带仓门并不直接附在机芯上，而是独立安装在机壳上的。这种情况最易造成带仓门马达机芯不平行。从而产生轧带、不同声道串音、抹音不干净、放录音带盒困难等故障。因此设计时要特别注意。

以上三个项目零件的安排与电子设备的外观有关，应与外观设计统筹考虑。

（4）电子电路的各级元件应从弱电流、弱信号级依次顺序向强电流、强信号级排列。例如，一台收音机按高放、变频、中放、检波、前置低放、功放、电源依次排列；如果各级交叉排列很容易产生自激等，见图 3-1。

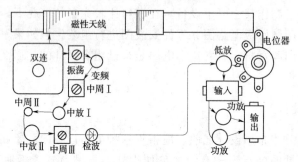

图 3-1 元件排列走向示意图

（5）各级走线要尽可能短些。元器件在不影响散热的情况下，应尽量靠拢。输入端与输出端要尽量远离；输入、输出走线不宜平行，防止产生正反馈引起寄生振荡。

（6）若放大器中有双声道、推挽电路、桥式电路时，应让元器件对称排列。这样可以只设计一半电路，另一半由对称获得。

（7）电源变压器及整流电路等应远离前置低放级、录音磁头、磁性天线，避免感应交流声。安装中还应该通过旋转变压器的方向，降低整机交流声。

（8）磁性天线应水平安装在整机上方，禁止垂直安装。磁棒附近不应有较大的金属元件。收音机检波级会发射 930kHz 等频率谐波，因此检波级也应尽量远离磁性天线。

（9）录音机内置话筒要远离录音机马达，必要时将机内话筒用泡沫塑料等材料包起来，避免马达机械噪音干扰。

了解了以上各条原则之后，就可以把主要零件实物放在纸上进行试排，见图3-2，寻求最佳方案，并着手设计印制电路板了。

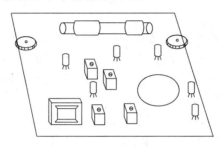

图 3-2　实物排列

3.2　印制电路板的设计

印制电路板的设计，现在一般借助于计算机及其相关软件来完成，如 PROTEL等。但对于简单的或不太复杂的电路，也可手工设计和制作，这是电子技术人员的一种基本技能。有了手工设计和制作的基本功，用计算机进行复杂印制电路板的设计就有了基础。

印制电路板的设计同样必须遵循"内部零件安排"一节中的各条原则。但是它们又是有区别的。因为所谓"内部零件"中有许多（比如发光二极管、电源变压器等）并不一定要装在印制电路板之上，而且所谓"内部零件安排"也不涉及怎样安置地线、如何选择印制电路板上导电铜箔线条的粗细等问题。

3.2.1　印制电路板尺寸与元件连接方式的确定

印制电路板的设计，首先从确定整块板的尺寸大小开始。印制电路板的尺寸因受设备外壳大小限制，以能恰好安放入外壳内为宜。其次，应考虑印制电路板与外接元器件（主要是电位器、插口或另几块印制电路板）的连接方式。印制电路板与外接元件一般是通过塑料导线或金属隔离线进行连接。但有时也设计成插座形式。即在设备内安装一个插座，将电位器等用引线焊到插座上，而整块印制电路板做成可插式的，插入相应插座之中。这样的插入式印制电路板要留出充当插口的接触位置。

对于安装在印制电路板上的较大的元件（重量超过 15g），要加金属附件固定，以提高耐振、耐冲击性能。

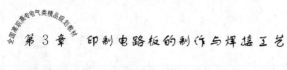
3.2.2 布线设计原则

接着，可以找一张纸，在上面画出印制电路板所需的准确尺寸，并按图 3-2 那样实物排列方案画印制电路接线图。这时最好采用铅笔勾勒，便于不断修改。印制电路中各个元件之间的接线安排方式如下：

（1）印制电路中不允许有交叉电路。对于可能交叉的线条，可以用"钻""绕"两种办法解决。即让某引线从别的电阻、电容、三极管脚下的空隙处"钻"过去，或从可能交叉的某条引线的一端"绕"过去。在特殊情况下如果电路很复杂，为简化设计也允许用导线跨接，解决交叉问题。

（2）电阻、二极管、管状电容器元件有"立式""卧式"两种安装方式。立式指的是元件体垂直于电路板安装焊接，其优点是节约空间。卧式指的是元件平行并紧贴于电路板安装焊接，其优点是零件安装的机械强度好。这两种不同的安装方式，印制电路板上的元件孔距是不一样的。可变电容器、中频变压器、振荡线圈等元件不仅接脚几何尺寸是固定的，还有极性的区别。应先查明接脚性质，并用铅笔在纸上点出各接脚的准确位置再连接。

（3）同一级电路的接地点应尽量靠近，并且本级电路的电源滤波电容也应接在该级接地点上。特别是本级晶体管基极、发射极的接地点不能离得太远，否则因两个接地点间的铜箔太长会引起干扰与自激。采用这样"一点接地法"的电路，工作起来较稳定，不易自激。

（4）总地线必须严格按高频—中频—低频一级级地按弱电到强电的顺序排列，见图 3-3，切不可随便翻来覆去乱接。级与级间宁可接线长些，也要严格遵守这一规定。特别是变频头、再生头、调频头的接地安排要求更为严格，如不当就会产生自激以至无法工作。

调频头等高频电路采用大面积包围式地线，见图 3-4。这种形式保证有良好的屏蔽效果，常在电视天线放大器等电路中采用。

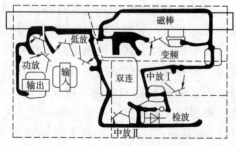

图 3-3 接地顺序图

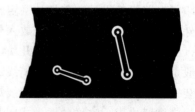

图 3-4 包围式大面积地线

（5）强电流引线（公共地线、功放电流引线等）应尽可能宽些。因为印制电路板上的铜箔是很薄的，约 $35\mu m$。一段宽 1mm 的走线比同样长度的 $\phi 0.2mm$ 的铜导线的电阻还要大。

（6）阻抗高的走线尽量短，阻抗低的走线可长一些。因为阻抗高的走线容易发射和吸收信号，引起电路不稳定。电源线、地线、无反馈元件的基极走线、发射极引线等均属低阻抗走线。射极跟随器的基极走线、放大器集电极走线（如中频变压器初级与前级三极管集电极之间的引线），均属于高阻抗走线。

（7）立体声扩音机、收录机两个声道的地线必须分开，各自成一路，一直到功放末端再合起来。如两路地线连来连去，极易产生串音，使分离度下降。

根据以上要求，就可以大体上画出整机各元件间的连线走向，见图 3-5，并着手制作印制电路板。

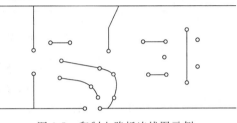

图 3-5　印制电路板连线图示例

3.3　印制电路板的制作工艺

对于稍微复杂的电路板，手工制作是不可能的，必须由专业工厂自动化制作。但对于较简单的电路，如学生们自己动手制作的小电路，也可以采用手工制作。

3.3.1　手工印制电路板制作

3.3.1.1　刀刻法

对于较简单的制作电路，有时为了方便，或因没有条件进行腐蚀，也可以用刀刻法制作印制电路板。方法是用刀身厚、刀口坚硬锋利的小刀在敷铜板上平行地划两个道子，并刻透铜箔，再挖去中间这条不要的铜箔。刻制的印制电路板也很好用，有时干脆连孔都不钻，直接把零件焊在敷铜的一面，十分方便。如图 3-6 所示。

在购不到敷铜板时，可用自制仿印制电路板的办法代用。方法是在酚醛塑料板、环氧树脂绝缘板或质量较好（主要是平整、干燥）的三合木板上钻孔，打上铜质空心铆钉，然后再焊上导线和零件。

3.3.1.2　描图上漆法

（1）落料。敷铜板（即印制电路板）有单面敷铜和双面敷铜两种。无线电爱好者制作一般设备都采用单面敷铜的。绝缘底板有纸基、酚醛塑料基（呈棕色）、环氧树脂基（呈米黄色）的几种，以环氧树脂基的为好。敷铜板厚度 $1\sim2mm$ 的都可以。

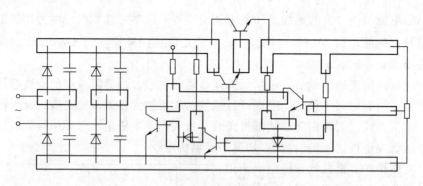

图 3-6 用刻制法做成的电路板

先按需要裁下大小正好的板料，并将边缘用细锉刀、砂纸打磨光滑。

（2）铜箔抛光。铜箔面上所有氧化物和脏物都要清去。一般用 00 号细砂纸打磨，或用文具橡皮擦都可以。铜箔厚度很薄，不宜多磨，表面擦亮露出未氧化的铜箔就可以了。

（3）描图。用复写纸将 1∶1 的印刷电路图复写在印刷电路板上。

（4）上保护漆。保护漆用一般漆就行。但最好要加入 20%～30% 的松节油或香蕉水（甲苯、丙酮等都能用）稀释，否则因油漆太粘会画不出细线条。上保护漆的工具用小号毛笔或绘图用的鸭嘴笔均可。印制导线的焊点应呈圆形，相连接的导线宽度为焊点直径的 1/2～2/3（或半径 R 的 1～4/3 倍）。印制导线力求均匀、平滑，并避免不必要的分支（见表 3-1）。

表 3-1 怎样画好印制导线的方法

建议采用	$A=(1\sim4/3)R$ A 最小取 0.5mm		
建议不采用	焊点与导线连接不平滑 焊点与导线形状不分	拐弯处不圆滑	有不必要的分支

保护漆彻底干透后，可以用小刀仔细修整，刮去多余、不平整的漆迹，将它修剪成光滑、平直，这个步骤必须进行。

（5）腐蚀。敷铜板用三氯化铁溶液腐蚀。溶液的配比为：三氯化铁占 35%左右，水占 65%左右（均按重量计算）。即以三氯化铁固体一份、水二份的方式配成溶液。溶液的温度以 30～50℃ 为比较好。温度太低，腐蚀速度慢；温度太高，保护漆容易脱落，影响腐蚀质量。在腐蚀过程中，溶液能够淹没敷铜板就行了，最好用竹夹子夹住敷铜板边缘来回晃动，以加快腐蚀速度。整个腐蚀过程放在瓷盘、塑料盘中进行。也可以找一个大小合适的塑料袋，装入敷铜板、倒入溶液，再扎好袋口进行。一般用 15～30min 即可完成。如要加快腐蚀速度，可在腐蚀中加入少量（5%左右）的药用双氧水。

（6）清洗。当敷铜板上没有保护漆的部分的铜箔都已腐蚀掉时，应立即取出敷铜板（否则腐蚀液将继续腐蚀保护漆膜下的铜箔，使线条边沿毛糙，影响质量），同时马上用清水反复冲洗。冲洗干净之后，擦干水迹，用细砂纸磨去保护漆膜。如果用香蕉水冲洗保护漆膜，效果将更好。

（7）钻孔。腐蚀好的印制电路板要及时打孔，并涂上保护膜，否则铜箔会氧化，造成焊接困难。每个孔位要先用铁钉或尖冲子轻轻打一个定位眼，再用电钻或手钻钻孔。钻头直径 0.8～1mm。

（8）涂刷保护膜。这一步骤的目的在于保护印制电路板的敷铜面不再氧化，并使得焊点处易于焊接。在此之前要仔细吹拂去钻孔后留下的粉尘，并在敷铜面上刷一层松香液。松香液的配方是松香粉 25%，纯酒精 75%。插入式印制板的插口位置就不要涂松香液了，以免插口接触不良。松香液干燥后会在敷铜面上形成一层透亮的保护膜，十分易于焊接。

对于特别复杂的电路，或使用质量较差的敷铜板，第七道钻孔工序可以提前到"描图"工序之后，即先钻孔，后画电路。这样能避免印制电路板腐蚀好之后，在钻孔时铜箔和绝缘底板剥离。

3.3.1.3　蜡纸刻板法

（1）将敷铜板裁成电路图所需尺寸。

（2）蜡纸放在钢板上，用笔将电路图按 1：1 刻在蜡纸上，并把刻在蜡纸上的电路图按电路板尺寸剪下，剪下的蜡纸放在所印敷铜板上。取少量油漆与滑石粉调成稀稠合适的印料，用毛刷蘸取印料，均匀地涂到蜡纸上，反复几遍，印制板即可印上电路。这种刻板可反复使用，适于小批量制作。

（3）以氯酸钾 1g，浓度 15%的盐酸 40mL 的比例配制成腐蚀液，抹在电路板上需腐蚀的地方进行腐蚀。

（4）将腐蚀好的印制板反复用水清洗。用香蕉水擦掉油漆，再清洗几次，使印制板清洁，不留腐蚀液。抹上一层松香溶液待干后钻孔。

3.3.1.4　标准预贴符号法

在业余条件下制作印制板的方法很多，但不是费时，就是"工艺"复杂，或质量不敢恭维。这里有一种综合效果较好的方法如下：

（1）制印板图。把图中的焊盘用点表示，连线走单线即可，但位置、尺寸需准确。

（2）根据印板图的尺寸大小裁制好印板，做好铜箔面的清洁。

（3）用复写纸把图复制到印板上，如果线路较简单，且制作者有一定的制板经验，此步可省略。

（4）根据元件实物的具体情况，粘贴不同内外径的标准预切符号（焊盘）；然后视电流大小，粘贴不同宽度的胶带线条。对于标准预切符号及胶带，电子商店有售。预切符号常用规格有 D373（OD—2.79，ID—0.79），D266（OD—2.00，ID—0.80），D237（OD—3.50，ID—1.50）等几种，最好购买纸基材料做的（黑色），塑基（红色）材料尽量不用。胶带常用规格有 0.3、0.9、1.8、2.3、3.7 等几种。单位均为 mm。

（5）用软一点的小锤，如光滑的橡胶、塑料等敲打贴图，使之与铜箔充分粘连。重点敲击线条转弯处、搭接处。天冷时，最好用取暖器使表面加温以加强粘连效果。

（6）放入三氯化铁中腐蚀，但需注意，液温不高于 40℃。腐蚀完后应及时取出冲洗干净，特别是有细线的情况。

（7）打眼，用细砂纸打亮铜箔，涂上松香酒精溶液，凉干后则制作完毕了。这种印制板的质量很接近正规的印制板。0.3mm 胶带可在 IC 两脚之间穿越，可大大减少板正面的短跳线以省事、省时间。在工作中常用此法来做实验印制板或少量的产品。

印制电路板的制作方法有很多，如"丝网漏印法"、"光化学法"及适合小批量生产的"雷谱静电制版机制板法"等，这里就不一一详细介绍，读者可以根据条件和要求选择合适的方法。

3.3.2　印制电路板的自动化工业制作简介

印制电路板厂的制作过程一般步骤如下：

（1）落料。按印制电路板图的尺寸、形状下料。

（2）钻孔。将需钻孔位置输入数控钻床微机，每次可钻 4～5 块板。

（3）清洗。用化学药品清洗电路板的化学层和油污。

（4）网印。在敷铜板上制作印制电路图，通常用感光法和丝网漏印法。丝网漏印法是在丝网上附一层漆膜或胶膜，然后按技术要求将印制电路图制成镂空图形，漏印时只需将敷铜板在底板上定位，将印刷料倒在固定丝网的框内，用橡皮板刮压印料，使丝网与敷铜板直接接触，即可在敷铜板上形成由印料组成的图形，漏印后需烘干、修板。

（5）电镀。为了提高电路板的性能，确保电气连通，常在板上涂一层铅锡合金。

（6）腐蚀。用塑料泵将腐蚀液送到喷头，喷成雾状微粒，再高速喷淋到敷铜板上，对印制电路板进行腐蚀。电路板由传送带运送，可连续进行腐蚀。

（7）热熔。腐蚀后的电路板上的铅锡合金经热熔后，可以增强可焊性，提高防氧化能力。

（8）印阻焊剂。在密度高的印制电路板上，为使板面得到保护，确保焊接的准确性，在板面上加阻焊剂，使焊盘裸露，其他部分均在阻焊层下，防止焊接时的桥焊现象。

3.4 元件的安装工艺

3.4.1 元件安装顺序

电子设备的安装，一般是按"先机械、后印制电路板、最后连线"的顺序进行。

所谓"先机械"是指，先将各种可动机械元器件（电位器、可变电容器、波段开关、调谐旋钮等）装上，并把印制电路板安入机壳内，看看这些元器件的位置是否正确，免得印制电路板焊好了装不上。"后印制电路板"指的是在完成以上机械性质的安装后，再焊接印制电路板上的其他电子元器件。各种输入、输出及中频变压器要先接入并安装好，再焊接 RC 元件，最后焊入三极管。最后一步是完成印制电路板与印制电路板外的电源变压器、扬声器、各种接插口等器件之间的连接引线。

3.4.2 元器件引线成形

为了使元器件在印制电路板上排列整齐、美观，又便于焊接，将元器件引线成型是不可缺少的工艺。

工厂生产中元器件成型多采用模具成型，而业余制作一般用尖嘴钳或镊子成型。元器件引线成型形状多种。图 3-7 所示为几种元器件成型示意图。

图 3-7（a）为孔距符合标准时成型方法，即焊盘距离与元件引脚距离一致，称为基本成型方法。但成型加工时，注意引线打弯处距离引线根部要大于 2mm。R 要不

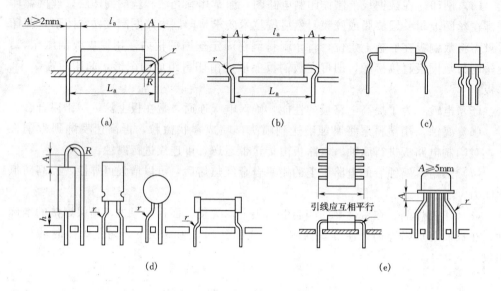

图 3-7 元器件引线成型

小于元件直径。弯曲半径要大于引线直径的 2 倍。两引线打弯后要相互平行。

图 3-7（b）为孔距不符合标准时的成型方法。一般不允许出现。

图 3-7（c）为打弯式的成型方法，目的是使焊接点距离元件体远些，适用于焊接时受热易损的元器件。

图 3-7（d）为垂直插装时的成型方法，$h \geqslant 2mm$，$A \geqslant 2mm$，R 不小于元件直径。

图 3-7（e）为集成电路引线的成型方法，$A \geqslant 5mm$。

在上述几种引线成型过程中，需注意元器件的标称值，文字和标记应朝向最易查看的位置。以便于检查和维修。

3.4.3 元器件引线和导线端头加工

1. 元器件引线上锡

为了保证焊接质量及便于焊接，元器件在焊接前必须去掉引线上的杂质（氧化层等），并作上锡处理。手工去除杂质的方法是用小刀沿引线方向距离引线根部 2～4mm 处向外轻刮，边刮边转动引线，将杂质刮净为止。也可以用细铁砂布擦拭去除。但刮引线时注意：①不能用力太大伤及引线；②不能将原有的镀层刮除；③不要将整根引线刮除，只对需焊接的部位刮除；④有些元器件的引线是不允许刮除的，如变压器等。

刮净后的引线应该及时沾上助焊剂，并放入锡锅浸锡或用电烙铁上锡。在浸锡或上锡过程中应注意上锡时间不宜过长，以免过热而损坏元器件。半导体元器件上锡时（如二、三极管），可用镊子夹住引线上端，便于散热，避免损坏。

2. 导线端头加工

连接导线在接入电路前必须进行加工处理，以保证引线接入电路后装接可靠、导电性能良好，并且能经受一定的拉力而不致产生断头。

导线端头加工应按以下步骤进行。

（1）剥头。剥头就是将导线端头的绝缘物剥去露出芯线。剥头一般采用剥线钳进行，使用时要选择合适钳口，以免芯线损坏。无剥线钳时也可用电工刀和剪刀，加工过程中需十分小心。

（2）捻头。多股导线经剥头处理后，芯线容易松散，不经过处理就上锡加工，线头会变得比原来导线直径粗得多，并带有毛刺，容易造成焊盘或导线间短接。多股导线剥头后一定要经捻头处理。具体的方法是将芯线按原来方向继续捻紧，通常的螺旋角在 $30°\sim40°$ 之间。捻线时用力不能过大，以免将细线捻断。经捻头后导线应及时上锡，方法与引线上锡基本一致。但应注意上锡时不要伤及绝缘层，如绝缘层沾锡过热会使绝缘层熔化卷起，这样容易使线头过硬而断线。

（3）屏蔽导线与同轴电缆端头处理。屏蔽导线是单根或多根绝缘导线外部套有金属编织线。屏蔽导线的导线端头处理同一般带绝缘层导线。外套金属编织线应进行加工处理，具体的处理方法是：用镊子将金属编织线的根部扩成线孔，将绝缘导线从孔中穿出，然后把编织线捻紧。再上锡，以免金属编织线散开形成毛刺。

同轴电缆的端头处理过程为：剥除外层被覆层，加工屏蔽编织物、剥除内绝缘体、端头上锡。

3.4.4　元器件的插装方法

电阻器、电容器、半导体元器件等对称元件常用卧式和立式两种方法。采用的插装方法与电路板设计有关。应视具体要求分别采用卧式或立式插装法。

（1）卧式插装法。卧式插装法是将元器件水平地紧贴印制电路板插装。也称水平安装。元器件与印制电路板距离可根据具体情况而定，如图 3-8（a）所示。要求元器件数据标记面朝上，方向一致，元器件装接后上表面整齐、美观。卧式插装法的优点是稳定性好，比较牢固，受震动时不易脱落。

（2）立式插装法。立式插装法如图 3-8（b）所示，它的优点是密度较大，占用印制电路板面积小，拆卸方便，电容、电阻、二极管、三极管等常用此法。

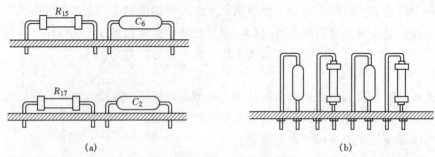

图 3-8　元器件的插装方法

(a) 卧式插装；(b) 立式插装

3.4.5　元器件插装后的管脚处理

元器件插到印制电路板上后，其引线穿过焊盘后应保留一定的长度，一般为 1～2mm。为满足各种焊接机械强度的需要，一般对引脚采用两种处理方式：直插式。引脚穿过焊盘后不弯曲，这种形式的引脚机械强度较小，元器件容易在受外力作用时出现脱焊，但此法拆卸方便。全折弯式。将引脚弯成 90°，这种形式具有很高的机械强度，也不易出现脱焊现象，但拆卸时较困难。

3.4.6　绝缘套管、电缆及线扎安装

1. 使用绝缘套管

（1）目的。使用绝缘套管的目的是增加导线或元器件电气绝缘性能和机械强度，同时绝缘套管的色别便于检查和维修。通常使用聚氯乙烯套管、硅黄蜡玻璃纤维套管、黄蜡套管及热收缩套管等。

（2）要求。针对不同的用途和场所，通常在以下几种情况下需加套管。

1）元器件管脚引线加套管。元器件管脚基本上为裸线，容易造成短路现象。加套管主要是为了防止短路，再就是可作为色标表示。如图 3-9（a）所示。

2）导线上加套管。为了增强导线的绝缘性能，需用套管把导线套起来。

3）元器件加套管。有些元器件较小，用一根绝缘套管把它及引线一起套起来，对于表面是金属的元器件能起到很好的保护和绝缘的作用，如图 3-9（b）所示。

4）端子上加套管。为了起绝缘和加强机械强度作用，在元器件的端子上每隔一个或将所有端子都加上套管，如图 3-9（c）所示。

2. 导线和套管色标的规定

在电子、电气电路中有许多导线和元器件，为了便于对电路的检查和维修，对绝缘套管和导线选择不同的颜色表示，具体规定如下：

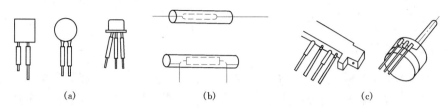

图 3-9　加套管示意图

(a) 元器件管脚加套管；(b) 导线上加套管；(c) 端子上加套管

（1）直流电路中，正极：棕色；负极：蓝色；接地中性线：淡蓝色。

（2）三相交流电路中，A 相：黄色；B 相：绿色；C 相：红色；零线或中性线：淡蓝色；安全用的接地线：黄和绿双色线。

（3）半导体二极管，阳极：蓝色；阴极：红色。

（4）半导体三极管，基极 b：黄色；集电极 c：红色；发射极 e：蓝色。

（5）晶闸管，阳极 A：蓝色；阴极 K：红色；门极 G：黄色。

3. 电缆、线扎的安装方式

电缆、线扎的安装方式及安装质量，会直接影响电子、电气产品的可靠性。在布线和安装时应注意以下事项：

（1）电缆、线扎一般不能与印制电路板的元器件及零部件相接触，如遇无法避免的特殊情况应采取防护措施。

（2）电缆、线扎的敷设要有利于零部件和整机的装配、调整和检修。

（3）对带有屏蔽的电缆、线扎应在有可能造成短路部位采取绝缘措施。

（4）电缆、导线线扎在靠近高温物体时，应采取耐高温导线和电缆，并采取必要的隔热保护措施。

（5）电缆、导线线扎在安装中应避免与零部件的棱角、边沿相接触。当穿过底板、外壳或屏蔽罩孔时应采取适当措施加以保护，例如加绝缘套管等。

（6）当电缆、线扎需弯曲时，它的内弯曲半径不能小于其直径的 2 倍，若是高频电缆则不得小于其直径的 5 倍。

（7）高频导线和电缆的敷设线路应该尽可能短。流过高频电流的无屏蔽导线应尽可能避免平行敷设，否则必须采取屏蔽措施，相交时应尽可能垂直。

3.5　焊　接　工　艺

焊接是电子产品组装的主要任务，是电子电路检修的基本技能。印制电路板上的焊接点很多，如果其中有一个达不到要求，将会影响到整机的质量。同时掌握焊接工艺是维修人员一个基本技能，也是维修质量的重要保证。

3.5.1　准备工作

（1）焊料与焊剂的选择。焊锡最好用售品焊锡丝。自己配制焊锡的成分是：锡63%、铅37%。焊剂用松香或松香水（松香水的配方是：20%的松香粉末加80%的纯酒精）。绝对禁止用氯化锌、焊油等酸性焊剂。因为使用酸性焊剂将使无线电元器件日久以后产生铜绿，最后锈蚀损坏，直至元器件引脚霉断。

（2）元器件的清洁处理。自制的电子设备日久产生故障，其原因有一半是焊点虚焊。而虚焊又主要是由于焊接面不干净引起的。因此焊接前仔细地对所有的焊接面（包括印制电路板的焊接处、元器件接脚、天线线圈引线和各种接线头等）进行清洁处理是必要的。即，先用小刀、细砂纸除去焊接面的漆膜、油渍、氧化物，直至露出发亮的铜面为止；随后立即烫上松香，再用烙铁镀一层薄锡。元器件接脚引线的四周都要镀上锡，多股线每根都要焊上，关于如何上锡这点前面已详细论述。元器件的清洁处理是相当关键的一道工序。

（3）烙铁的使用。焊小功率半导体管和小型元器件时最好用20～45W电烙铁。焊接粗导线、金属底盘时用75W或100W烙铁。烙铁头要经常保持清洁整齐，随时除去上面的黑色氧化物。当烙铁头顶端因长期氧化出现豁口时，要用锉刀进行修整。

3.5.2　焊接技术要领

焊接过程中一定要掌握技术要领，这样才能保证焊接质量。

（1）焊剂的用量要适当。使用焊剂时，除了必须选用焊剂的种类外，还必须根据被焊接器件的面积大小和表面情况来选择适量的用量。过量焊剂将会使印制电路板的绝缘质量变差，也会腐蚀元器件。

（2）焊料的取用。焊料的用量应根据焊点的大小来确定。若焊点小，可用电烙铁头蘸取适量焊锡再蘸取焊剂后，直接放到焊点上，待焊点着锡熔化后将电烙铁移走即可。拿走电烙铁时，要从下向上提起，这样才能保证焊点光亮、饱满。在焊接与维修时大都采用该种方法。使用该种方法时要注意及时将蘸取焊料的电烙铁放在焊点上，如时间过长，焊剂会分解，焊料会被氧化，使焊点质量低劣。

（3）焊接的温度与时间要求。在焊接时，为使被焊件达到适当的温度，使固体焊料迅速熔化，产生湿润，就要有足够的热量和温度。如温度过低，焊锡流动性差，易形成虚焊。如温度过高，将使焊锡流淌，焊点不易存锡，焊剂分解加快，使金属表面加速氧化，并导致印制电路板上的焊盘脱落。尤其是使用天然松香作助焊剂时，焊锡温度过高，很易产生碳化，造成虚焊。

锡焊的时间可根据被焊件的形状，大小不同而有差别，但总的原则是看被焊件是否完全被焊料湿润（焊料的扩散范围达到要求后）的情况而定。通常情况下烙铁头与焊接点接触时间是以使焊点光亮、圆滑为宜。如焊点不亮并形成粗糙面，说明温度不够，时间过短，此时需增加焊接温度，只要将烙铁头继续放在焊点上多停留些时间即可。

（4）焊接时被焊件要扶稳。在焊接过程中，特别是在焊锡凝固过程中不能晃动被焊件引线，否则会造成虚焊。

（5）焊点的重焊。当焊点一次焊接不成功或上锡量不足时，便要重新焊接。重新焊接时，需待上次焊锡一起熔化并融为一体时，才能把烙铁移开。

（6）焊接时烙铁头与引线和印制铜箔同时接触，是正确焊接加热法，如图 3-10（c）所示。图 3-10（a）所示为烙铁头与引线接触而与铜箔不接触。而图 3-10（b）所示是烙铁头与铜箔接触而没有与引线接触，这两种方法都是不正确的，不可能牢固地焊接。

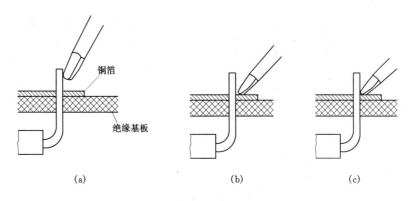

图 3-10　元器件的焊接加热要领
（a）错误方法 1；（b）错误方法 2；（c）正确方法

（7）焊后管脚处理。焊接完毕后要将露在印制电路板面上多余引脚"齐根"剪去。将焊点周围焊剂擦洗干净，并检查电路有无漏焊、错焊、虚焊等现象。若元件引脚周围有明显的黑圈，该点即属于虚焊。也可用镊子将每个元件拉扯，看是否有松动现象。

3.5.3　电路板上的焊接工艺

1. 识图、对图

首先要熟悉电路原理图和所焊接的印制电路板的装配图，并将两图进行对照。按图纸准备材料，检查元器件的型号、规格和数量是否符合要求，并做好装配前元器件、导线等引线成型的准备工作。

2. 元器件焊接要求

(1) 电阻器。尽可能使每个电阻器的高低一致，并要求标记向上，方向一致。

(2) 电容器。特别注意有极性电容器的极性，一定不能接反，标记方向容易看见。

(3) 二极管。特别注意二极管的阳极和阴极，焊接时间一般不能超过 2s，型号标记易看。

(4) 三极管。注意 b、c、e 三脚引线位置插接正确，焊接时间尽可能短，焊接时用镊子夹住引线脚以便于散热。焊接大功率三极管时，若需加装散热片，应将接触面平整、磨光滑后再固紧，若要求加绝缘薄膜垫时，切记不能忘记，否则将出现烧毁的事故。管脚与电路板上需连接时，要用带绝缘的塑料导线。

(5) 集成电路。先检查集成电路的型号、引脚位置是否符合要求。焊接时先焊对角的两只引脚定位，然后再从左至右自上而下逐个焊接。焊接时电烙铁头一次沾锡量以能焊 2～3 只引脚为准，电烙铁先接触印制电路板上的铜箔，等焊锡熔入集成电路管脚底部时，电烙铁头再接触引脚，接触时间不宜超过 3s，并且要让焊锡均匀包住引脚。焊后要检查有否漏焊、碰焊、虚焊之处，清理焊点。在焊接场效应管、集成电路时一般要求电烙铁要可靠接地，或用烙铁余热焊接。

3. 焊点要求

为保证有较高焊点质量，焊接时烙铁要有足够的温度，并用些力气让烙铁头与被焊接元器件接触摩擦。良好的焊点如图 3-11 (a) 所示，焊锡与被焊元器件充分熔合，焊点光洁，呈现圆锥形状，并大致看得出包在焊锡下面的接脚的轮廓。焊点上不宜堆锡太多，堆锡多的焊点并不一定都焊得牢，如图 3-11 (b) 所示。

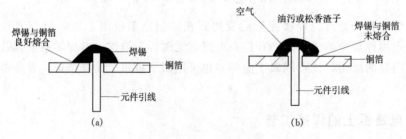

图 3-11　焊点质量的鉴别

(a) 良好的焊点；(b) 不好的焊点

3.5.4 元器件拆卸、拆焊

在元器件焊接错误和检修过程中，都必须更换元器件。也就需要拆卸、拆焊，如果拆焊水平欠佳或方法不当，就会造成元器件的损坏，进一步扩大故障，或造成印制电路板的损坏。特别是在更换集成电路时更容易出现类似情况。拆卸、拆焊工艺是安装、检修中一种重要技能。

1. 元器件的拆卸、拆焊方法

（1）用铜编织线进行拆焊。将胶质线中的或其他的铜编织线部分吃上松香助焊剂，然后放在将要拆焊的焊点上，再把电烙铁放在铜编织线上加热焊点，待焊点上的焊锡熔化后它就会被铜编织线吸上。如果焊点上焊锡一次未被吸完，则可进行多次重复操作，直至吸干净。

（2）用医用针头拆焊。把医用针头的尖端部分锉平，作为拆焊工具。使用方法：用电烙铁熔化焊点，另一边把针头套在焊接的元器件管脚上，当焊点熔化时迅速将针头插入印制电路板的管脚插孔内，使元器件的管脚与电路板的焊接脱开。转动针头，移开电烙铁，使管脚脱焊。当一个元器件的所有管脚都脱焊时，取出元器件，清理焊料，使电路板插孔露出。

（3）用气囊吸锡器进行拆焊。将被拆焊点用电烙铁在一侧加热使焊锡熔化，把气囊吸锡器挤瘪，用吸嘴从另一侧对准熔化的焊锡，然后放松吸锡器，焊锡就会被吸进吸锡器内。

（4）用吸锡电烙铁拆焊。吸锡电烙铁是一种专门拆焊元器件的拆焊电烙铁，它能在对焊点加热的同时，把焊锡吸入内腔从而完成元器件的拆卸、拆焊。

（5）用专用拆焊电烙铁拆焊。专用拆焊电烙铁能一次性完成多脚元器件的拆焊，并且不会、不易损坏印制电路板、元器件及周围元器件。它对集成电路、中周等元器件的拆焊非常有效。但在使用过程中应特别注意加热时间不能太长，否则容易引起元器件和印制电路板的损坏。

2. 拆卸、拆焊时注意事项

（1）电烙铁头加热被拆焊点时，只要焊锡一熔化，就要马上按垂直电路板方向拔出元器件管脚，但不论元器件安装位置怎样，都不许强行硬拉或试图转动元器件拔出，以免损坏元器件和电路板。

（2）在插装新元器件前，首先应该把印制电路板插孔中的焊锡清除，使插孔露出，以便插装元器件管脚和焊接。清除方法：用电烙铁对焊点孔加热，待锡熔化时，用一直径小于插孔的元器件引脚或专门的金属丝插穿插孔，直至插孔畅通。

3.5.5 工业生产焊接技术简介

前面介绍的手工焊接只适用于小批量生产、电子爱好者的电子电路制作和电路维修，而对于大批量生产、质量标准要求高的电子产品、电气产品的电子线路生产就需要采用自动化焊接技术和系统，尤其是超小型元器件、集成电路、贴片器件等的焊接，就必须要通过自动化焊接才能保证焊接质量，提高产品的稳定性和可靠性。

3.5.5.1 波峰焊接技术

当前工业生产中使用最多的焊接系统多为波峰焊机，它适用于大面积、大批量印制电路板、高质量的焊接。

1. 波峰焊机的组成及工作原理

波峰焊机通常由传送装置、涂助焊剂装置、预热器、锡波喷锡、锡缸和冷却风扇等组成。

（1）传送装置。传送装置通常是链带式水平传送线。其速度可以随时调节，要求传送带在传送印制电路板时必须平稳，不会产生抖动。

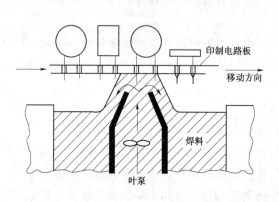

图 3-12　波峰焊机原理图

（2）产生焊料波的装置。焊料波的产生主要取决于喷嘴，喷嘴向外喷焊料的动力源是机械泵或是由磁场和电流产生的洛仑兹力。焊料从焊料槽向上打入装有分流用挡板的喷射室，然后从喷嘴中喷出。焊料到达其顶点后，又沿喷射室外边的斜面回焊料槽中，如图 3-12 所示。

由于波峰焊机的种类较多，其焊料波峰的形状又有所不同，常用的有单向波峰焊机和双向波峰焊机两种。其中，焊料向一个方向流动且和印制电路板移动方向相反的称为单向波峰焊机，如图 3-13（a）所示。焊料分别向两个方向流动的称为双向波峰焊机，如图 3-13（b）所示。

锡缸一般由金属材料制成，所用金属应不易被焊料所溶解和吸附，其结构、形状通常因机型不同而有所不同。

（3）涂助焊剂装置。在自动焊接生产线中助焊剂的涂敷方法很多，诸如发泡式、波峰式和喷射式等，其中应用较多的为发泡式。其装置采用 800～1000 的沙滤芯作为

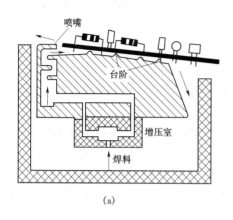

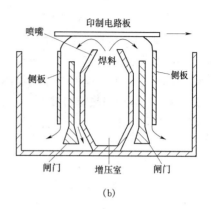

图 3-13　单、双向波峰焊机示意图

（a）单向波峰焊机；（b）双向波峰焊机

泡沫发生器浸没在助焊剂缸内，它不断地把压缩空气注入多孔瓷管。当压缩空气经多孔瓷管进入焊剂槽时，便形成很多泡沫助焊剂，并在压力作用下，由喷嘴喷涂在电路板上。在电路板离开锡缸前，用刷子刷除多余的焊剂，其结构如图 3-14 所示。

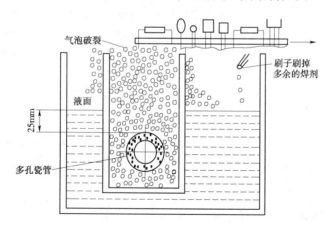

图 3-14　发泡式涂助焊剂装置

（4）预热装置。预热装置可以分为辐射型和热风型两种。辐射型主要靠热板辐射热量，使印制电路板加热到预定的温度。热风型则主要由加热器与鼓风机组成，鼓风机将加热器产生的热量吹向印制电路板，使电路板加热到预定温度。预热的一个作用是将助焊剂加热到活化温度，把焊剂中的酸性活化分解，然后与氧化膜起化学反应，从而使印制电路板上和被焊器件上的氧化膜被清除。而它的另外一个作用是减小半导体元器件、集成电路因为受热冲击而损坏的可能性。它还有使电路板减小经波峰焊接后产生的变形，使焊点光亮的作用。

2. 波峰焊机的工作过程

波峰焊机的工作过程即工艺流程：夹好（上插件后的）印制电路板→预热→喷涂助焊剂→波峰焊→风冷→印制电路板切头→残脚处理→取下印制电路板。

3.5.5.2 脉冲加热焊接技术

用脉冲电流方式通过加热器在很短的时间内给焊点加热完成焊接的方法叫脉冲加热焊接。

它的具体焊接方法是：焊接前利用电镀等方法在被焊接位置加上焊料，进行约1s 左右的快速加热，同时加压完成焊接。这种方法通常适用于小型集成电路的焊接，比如照相机、计算器、电子手表等高密度焊点的产品。

脉冲焊接的优点：生产效率高，便于自动化生产，产品一致性好，与操作人员的熟练程度无关，能很准确地控制焊接的温度和时间。

3.5.5.3 高频加热焊接技术

高频加热焊接是利用高频感应电流，将被焊接的金属进行加热焊接的方法。它通常由感应线圈和高频电流发生器组成。

焊接方法：将与被焊接基本适应的感应线圈放在被焊件的焊接部位，然后把垫圈形成环形焊料放入感应圈内，给感应圈通过高频电流，使焊件受电磁感应而被加热，当焊料达到它的熔点时就会熔化并扩散开来，焊料全部熔化后移开感应线圈。

3.6　焊接质量检查

焊接质量的好坏直接影响到电子产品整机质量。因此通常焊接完毕后一般要进行质量检查。这通常要靠人工的目测和手动检查来完成。对所发现的质量问题进行及时的处理。

3.6.1　检查方法

（1）目测。目测检查是从外观上检查焊接质量的好坏。目测的主要内容是：是否有漏焊；焊点周围是否有残留焊料；焊盘有无脱焊，焊点有无裂痕；焊点是否光滑，有无毛刺现象；有无连焊、桥焊现象等。焊点质量的好坏参照前面图 3-11 所示形状。

（2）手动。手动检查主要是指用手指触摸元器件时，看有无摇动和焊接不牢现象；焊点在摇动时其焊锡是否有松动和脱落现象等。

3.6.2 常见焊接问题及原因

（1）虚焊。虚焊是指焊接点内部没有真正接在一起，就是焊锡与被焊物体面被氧化层或焊剂及污物隔离。或是焊点虽暂时能通，但随时都有可能不通，造成电路接触不良或电路故障。

造成虚焊的原因：当焊盘、元器件引线有氧化层和污物时，以及焊接过程中热量不足，使助焊剂未能充分挥发，从而在被焊面和导线间形成一层松香薄膜时，焊料就不会在焊盘、引线脚上形成焊料薄层，即焊料湿润不良，可焊性差而产生虚焊。

（2）焊点毛刺。焊点毛刺如图 3-15 所示。焊点的形状如同乳石状。造成原因是：焊料过量，焊接时间过长，使焊锡黏性增加，或电烙铁离开时方向不对等。焊点毛刺会造成绝缘距离变小，在高压电路中容易造成高压放电和打火现象，因此必须重焊。

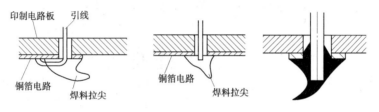

图 3-15 焊点毛刺现象

（3）桥接。桥接指焊锡将印制电路板不该连接的铜箔连接起来的现象。大的桥接通常容易发现，但也有一些细小的桥接是比较难被发现，有时只能通过仪表检测才能发现。对于这些细小的桥接，有的是印制电路板的印制导线有毛刺或腐蚀时留有残余金属丝等，在焊接时起到连接作用而形成桥接现象。如图 3-16 所示。对于焊锡造成桥接短路现象，可用电烙铁去锡即可。对于细小桥接，则需要将焊锡去除后用刀片轻轻刮去毛刺并将残余铜丝清除。

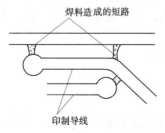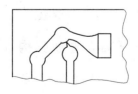

图 3-16 桥接现象

（4）空洞。空洞通常是由于焊盘的插线孔太大，焊锡没有全部填满印制电路板的插线孔而形成的，如图5-17所示。造成的原因是印制电路板的开孔位置偏离了焊盘的中心，且孔径过大，还有就是孔周围焊盘被氧化、脏污等。当然，焊锡不足有时也容易造成这种现象。

（5）堆焊。堆焊的焊点外形轮廓不清，形状如同丸子，看不到元件引线的痕迹。造成堆焊的原因是焊锡过多，元器件引脚在焊接时不能完全湿润，或是焊锡的温度不足等。它容易产生相邻焊点的短路现象。

（6）焊锡裂痕。焊点中有时会出现焊锡裂纹现象。这主要是因为在焊锡凝固过程中移动或摇动元器件引线位置而造成的。

（7）铜箔脱落。铜箔翘起，甚至脱落。产生原因：①焊接温度过高，焊接时间过长；②在维修过程中，拆除元器件时，当焊料还未完全熔化，就急于摇晃，拉出线脚；③在重新装焊元器件时，没有将焊盘上插线孔疏通就带锡穿孔焊接，引线穿孔时焊料未完全熔化，又用力过猛，使焊盘翘起，如图3-18所示。

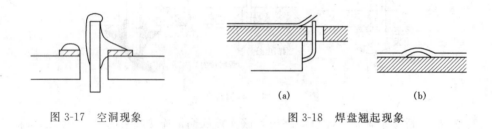

图3-17 空洞现象　　　　　　　　　　（a）　　　　　　　　（b）

　　　　　　　　　　　　　　　　　图3-18 焊盘翘起现象

3.7 电子产品的整机结构与装配

为了让学生们毕业后能更好地胜任电子行业的工作，从事开发和设计电子产品的岗位，还有必要介绍电子产品的整机结构与装配的知识。

整机结构是指安装了电子元器件及机械零、部件，使设备成为一个整体的基础结构。这种结构包括：机箱、机架、机柜结构；分机插箱、底座、积木盒结构；导向定位装置；面板、指示和操纵装置。

3.7.1 电子产品的整机结构

1. 对电子设备结构基本要求

电子设备的结构设计直接关系到产品的功能体现、可靠性、可维修性和实用美观性，并影响用户的心理状态。

（1）保证产品技术指标的实现。一切电子设备的性能具体体现于产品的技术指标，而技术指标主要依赖于电路设计和工艺实现。整机结构设计必须采取各种措施，保证指标的实现。

（2）良好的结构工艺性。产品的技术性能指标和生产工艺可靠性之间存在着矛盾，因此在整机设计时必须从生产实际出发，使所设计的零件、部件、组件具有良好的工艺性，便于加工，便于装配。

（3）体积小、重量轻。减小设备的体积和重量可以节约材料、减少占用空间，同时也有利于加工和运输。车载和机载设备重量轻，结构紧凑，可以减小惯性，降低动力消耗。

（4）便于设备的操纵使用与安装维修。在使用电子设备时，一般都需要通过各种旋钮、开关和指示装置来进行操作控制。在产品整机结构设计时，要合理地安排操作控制部分，做到操作简便，合理可靠。同时还要求结构装卸方便，缩短维修时间以及考虑保证操作人员的安全等。

（5）造型美观协调。设备的选型是否美观、协调，直接影响到使用者的心理。从某种意义上讲，它直接影响到产品的竞争能力。特别是对民用电子产品，造型的色彩是一个不可忽视的因素。

（6）贯彻执行标准化。标准化是国家的一项重要技术经济和管理措施，对于促进产品质量的提高，保证产品互换性和生产技术的协作配合以及便于使用维修，降低成本和提高生产效率具有十分重大的意义。结构设计中心必须尽量减小特殊零部件的数量，增加通用件的数量。尽可能多地采用标准化、规格化的零部件和尺寸系列。

2. 整机结构形式及基本内容

不同电气性能的电子产品，整机结构形式也不同，机体结构有柜式、箱式、台式和盒式4种；组装结构形式简述如下：

（1）插件结构形式。这种形式目前应用很广。主要是由印制电路板组成。一般是在印制电路板的一端制成插件，通过插座与布线相连，再与其他部件相连接。

（2）底板结构形式。这种形式目前应用也很普遍。简单产品采用一块底板，将大型元器件，印制电路机电元件安装在上面，常和面板配合。复杂产品采用多块底板分别与支架相连。

（3）单元盒结构形式。这种形式适用于设备内部需要屏蔽或隔离时。通常将需要屏蔽或隔离的部分装在一个封闭的金属盒（单元盒）内，通过插头座或屏蔽线与外部接通。单元盒一般插入与机架相应的导轨上或固定在容易拆卸的位置，便于维修。

（4）插箱结构形式。这种形式是将插件、机电元件等放在一个独立的箱体中，再通过插头、导轨插入机架。插箱在电路和结构上都有相对独立性，有时还有面板。

　　对于结构复杂、尺寸较大的电子设备，常制作成机箱或机柜结构，机箱和机柜具有不同的含义。机箱是指把整个设备结合成机械整体的主体，靠它保证整机的机械结构强度，它的外形往往是箱形的。对于这样的结构就称为机箱。而机柜则是将设备分为若干分机（插箱），安置在一个共同的安装架上。这种用以组合安装设备的安装架，称为主机。封闭式的机架称为机柜。机柜由骨架（框架）、插箱、导轨和外壳、盖板等主要零部件组成。

　　一些大中型电子设备，为了便于观察和操作，可采用控制台式机柜，如图 3-19 所示。这种机柜不仅外形美观、操作方便、便于观察，而且带有工作台，能使工作人员不易疲劳。

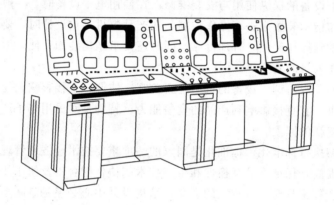

图 3-19　控制台式机柜

3.7.2　电子产品整机装配的特点和方法

　　1. 电子产品整机装配的特点

　　电子产品整机装配工作的主要特点是：

　　（1）在电气上是以印制电路板为支撑主体的电子元器件的电路焊接；在结构上是以组成整机构件和机壳，通过零件紧固或其他方法，进行由内到外的按顺序安装。

　　（2）装配技术由多种基本技术组成。例如，元器件的质检筛选与引线成型技术，导线与线扎加工处理技术、焊接技术、安装技术等。

　　（3）装配质量难以进行定量分析，常用目测和手感来判断。例如，焊接质量通常以目测来判断好坏；旋钮、刻度盘等装配的质量多以手感来鉴定。

　　2. 电子产品整机装配的方法

　　从装配原理上可分为下列三种方法：

（1）功能法。这种方法是将电子产品按功能模块划分为若干部分，各部件在功能上和结构上都是相对完整的，可独立安装和检验，称之为功能部件。不同的功能部件有不同的结构外形、体积、连接尺寸和安装尺寸，很难做出统一的规定。这种方法的优点是能降低整机的组装密度，一般用于以分立元件为主的产品或采用电真空器件的设备上。

（2）组件法。这种方法是制造在外形尺寸和安装尺寸都有统一规格的各种组件，可统一电气安装工作，提高安装规范化，这种方法大多用于组装以集成器件为主的设备。

（3）功能组件法。这种方法兼顾功能法和组件法的特点，制造既有功能完整性又有规范性的结构尺寸的组件。此法适用于微型电路。

3.7.3 整机的布局和布线

1. 布局

整机的布局原则是：保证产品技术指标的实现；满足结构工艺要求；布线方便；利于通风散热和安全、检测和维修。电子设备整机布局一般原则如下：

（1）电源部分。电源部分应放在设备的最下部。提供整机工作能量的电源通常都由体积和重量都较大的电源变压器、整流管、电解电容器和调整管等元器件组成，这些元器件的发热量也较大。因此电源部分应放在设备的最下部。此外，电源中的高压部分和低压部分要保持一定距离；高压端子及高压导线要与机壳或机架绝缘，并远离其他导线和地线；高压 1kV 以上的中等功率的电源，应安装门开关。电源的控制机构要和机壳相连，机壳要妥善接地。

（2）控制机构和指示仪表。控制机构和指示仪表应装在面板上，以便操作、监视和维修。

（3）易发生故障的元器件。易发生故障的元器件应安装在便于维护或更换的位置，如断电器、电解电容等。电子管要考虑便于插拔。对需要经常检测的测试点，布局时应考虑便于触及。

（4）大功率元器件。大功率元器件工作时产生较大的热量，布局时应放在整机中通风良好的位置，如大功率晶体管一般装在机箱后板外侧，并加装散热器。必要时还应装风扇、恒温装置等。

（5）高频电路。高频电路除按一般元器件布局外，还有下列特殊要求：

1）共用一个底座或在一块印制电路板上的高频电路和低频电路应采取隔离措施，屏蔽的结构方式采用分单元电路，各自屏蔽效果好，易调整。可采用密封镀银铜材料正方形或长方形屏蔽罩。电子管则应单独屏蔽。

2）未加屏蔽的线圈附近，最好不安装金属零件和绝缘零件，因它们会降低线圈的电感量和品质因数。必须安装时，应保持足够的距离。

3）高频高电位元器件及相应连接导线应安排在离机壳或屏蔽壁尽可能远的地方以减小分布电容；连接导线不长时应采用镀银硬裸铜线，这样位置不易变化，分布参数稳定，介质损耗较小。

4）高频组件和高频电路中的元器件尽量利用本身结构安装固定而不引入另外的加固零件，以免造成寄生耦合。

2．布线

（1）地线。电子设备若采用金属底座，最好是在底座下表面固定缚设几根粗铜线作为地线。印制电路板的地线，一般采用大面积布局在电路板的边缘，接地元器件可就近接地，或所有接地点在一点接地，如图 3-20 所示。高频地线通常采用扁裸铜条，以减小地线阻抗的影响。

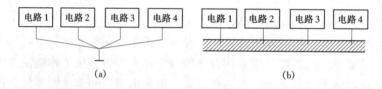

图 3-20　电路接地方式

（2）线扎。线扎应贴近设备底座或在机架上固定放置。高频电路的导线要先屏蔽后再扎入线扎；不同回路引出的高频线不应放入同一线扎或平行放置，可以垂直交叉。

（3）引线和连接导线。元器件的引线或连接导线应尽可能短而直，但也不能拉得太紧，要留有一定余量便于调试和维修时操作。

高频电路的连接导线应尽量减小其直径和长度，尽可能不引入介电常数大、介质损耗大的绝缘材料。若导线必须平行放置时，应尽量增大其距离。

3.7.4　整机装配技术

电子产品的质量好坏，与装配工艺有着密切的关系。电子产品的整机装配就是依据设计文件，按照工艺文件的工序安排和具体工艺要求，把各种元器件和零部件安装、紧固在印制电路板、机壳、面板等指定的位置上，装配成完整的整机，再经调试、检验合格后，成为产品包装入库或出厂。整机装配的工艺流程图如图 3-21 所示。

在大批量生产的电子产品的生产组件中，工艺文件实质上就是由反映上述各阶段工艺特征的文件组成的,这些阶段可概括为装配准备、部件装配及整件装配三个阶段。对于生产体制完整,管理水平较高,各种设备齐全,技术力量雄厚的企业,训练有素的装配工人只要按工艺文件操作,就能完成整机装配的工作。

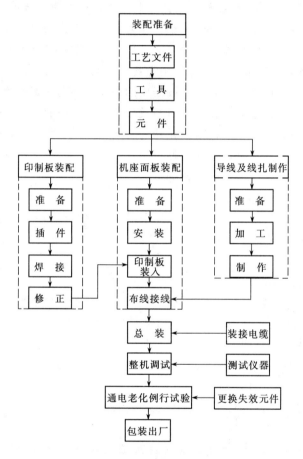

图 3-21　整机装配工艺流程

下面对整机装配的三个阶段具体说明:

1. 装配准备

装配准备主要是为部件装配和整件装配作好材料、技术和生产组织等准备工作。

(1) 技术资料的准备工作。指工艺文件、必要的技术图样等准备,特别是新产品的生产技术资料,更应准备齐全。

(2) 生产组织准备。根据工艺文件,确定工序步骤和装配方法,进行流水线作业安排，人员配备等。

（3）装配工具和设备准备。在电子产品的装配中常用的手工工具有三类：

1）适用于一般操作工序的必需工具，如电烙铁、剪刀、斜口钳、尖头钳、平口钳、剥线钳、镊子、旋具和螺帽旋具（用于装拆六角螺母和螺钉）等。

2）用于修理的辅助工具，如电工钻、锉刀、电工钳、刮刀、丝攻和金工锯等。

3）装配后进行自查的计量工具及仪表，如直尺、游标卡尺和万用表等。

大批量生产的电子产品整机装配专用设备及其用途如下：

1）切线剥线机。用于裁剪导线并按需要的剥头长度剥去塑料绝缘层。

2）元件刮头机。用于刮去元器件引线及导线剥头表面的氧化物。

3）普通浸锡炉。用于在焊接前对元器件引线、导线剥头、焊片等浸锡处理。

4）自动插件机。用于把电子元器件插入并固定在印制板预制孔中。

5）波峰焊接机。用于印制电路板焊接。

6）烫印机。用于烫印金箔等。

（4）材料准备。按照产品的材料工艺文件，进行购料备料，再完成协作零部整件的质量抽检、元器件质检、导线和线扎加工、屏蔽导线和电缆加工、元器件引线成型与搪锡、打印标记等工作。

2．部件装配

部件是电子产品中的一个相对独立的组成部分，由若干元器件、零件装配而成。部件装配是整机装配的中间装配阶段，是为了更好地在生产中进行质量管理，更便于在流水线上组织生产。例如，一台收录机机芯的装配即为部件装配。部件装配质量的好坏直接影响着整机的质量。在生产工厂中，部件装配一般在生产流水线上进行，有些特殊部件也可由专业生产厂提供。

一般电子产品的主要部件装配印制电路板装配。下面介绍其他常用部件的装配技术。

（1）屏蔽件的装配。屏蔽件装配时要接地良好以保证屏蔽效果。螺装或铆装的屏蔽件，螺钉、铆钉的紧固要牢靠、均匀；锡焊装配的屏蔽件，焊缝应光滑无毛刺。

（2）散热件的装配。散热件和相关元器件的接触面平整贴紧以便增大散热面，连接紧固件要拧紧，使它们接触良好以保证散热效果。

（3）机壳、面板的装配。产品的机壳、面板构成产品的主体骨架，既要安装部分零部件，同时也对产品的机内部件起保护作用，保证使用、运输和维护方便。而具有观赏价值的优美外观又可以提高产品的竞争力。产品的机壳、面板的装配要求主要有下列几点：

1) 经过喷涂、烫印等工艺后的机壳、面板装配过程中要注意保护，防止弄脏、划损。装配时工作台面上应放置塑料泡沫垫或橡胶软垫。

2) 面板、机壳和其他部件的连接装配程序一般是先轻后重，先低后高。紧固螺钉时，用力要适度，既要牢固，又不能用力过大造成滑牙穿透，损坏部件。面板上装配的各种可动件应操作灵活、可靠。

3) 面板、机壳、后盖上的铭牌、装饰板、控制指示和安全标记等应按要求端正牢固地装在指定位置。

3. 整机装配

整机是由经检验合格的材料、零件和部件经连接紧固所形成的具有独立结构或独立用途的产品。整机装配又叫整件装配或整机总装。一台收音机的整机装配，就是把装有元器件的印制电路板机芯，装有调谐器件、扬声器、各种开关和电位器的机壳、面板组装在一起的过程。整机装配后还需调试，经检验合格后才能最终成为产品。

整机装配通常有下列要求：

（1）操作人员。操作人员应熟悉装配工艺卡的内容要求，必要时应熟悉整机产品性能及结构。装配时应按要求戴好白纱手套按规程进行操作。

（2）装配环境。整机装配应在清洁整齐、明亮安静、温度和湿度适宜的生产环境中进行。

（3）装配准备。进入整机装配的零部件应经检验，确为要求的型号品种规格的合格产品，或调试合格的单元功能板。若发现有不合要求的应及时更换或修理。

（4）装配原则。

1) 装配时应确定零部件的位置、方向、极性，不要装错。安装原则一般是从里到外，从下到上，从小到大，从轻到重，前道工序应不影响后道工序，后道工序不改变前道工序。

2) 安装的元器件、零件、部件应端正牢固。紧固后的螺钉头部应用红色胶粘剂固定，铆好的铆钉不应有偏斜、开裂、有毛刺或松动现象。

3) 操作时不能破坏零件的精度、镀覆层，保持表面光洁，保护好产品外观。

4) 不能让焊锡、线头、螺钉或垫圈等异物落在整机中。

5) 导线或线扎的放置要稳固和安全，并注意整齐、美观。水平导线或线扎应尽量紧贴底板放置。竖直方向的导线可沿边框四周敷设，导线转弯时弯曲半径不宜太小。抽头、分叉、转弯、终端等部位或长线束中间应每隔 20～30cm 用线夹固定。

6) 电源线或高压线一定要连接可靠，不可受力。要防止导线绝缘层被损伤以致产生短路或漏电现象。交流电源或高频引线可用塑料支柱支撑架空布线，以减小干扰。

（5）质量管理点。质量管理点是工艺文件中设置的对产品的性能、可靠性、安全性等影响大或工艺上有严格要求、对下道工序影响大的关键工位工序，企业通过质量管理点的强化控制，保证产品的质量。装配时对质量管理点的工序要按产品总装质量管理工艺规程的要求严格操作把关。

第4章

测试、调试技术与故障检修

测试、调试与故障检修技术是电子工程技术人员应该掌握的基本技能。

电子产品用途广泛、种类繁多、功能各异，其内部组成电路更是千差万别。所以，对于不同产品，测试、调试及检修的方法是不同的。本章介绍基本的、常用的方法和技术。只有掌握这些基本知识、技能，才能为学习更复杂的测试、调试及检修技术奠定坚实的基础。在学习过程中，对于下面所述的方法不可盲目地生搬硬套，而应该根据具体的情况进行正确地、灵活地运用，唯有如此才能够在电子技术实践工作中做到举一反三、触类旁通，达到事半功倍的效果。

4.1 电子产品测试和调试概述

4.1.1 测试

电子产品的测试是运用仪器仪表和一定的方法对电子产品进行测量的过程。测量元器件的参数，测量电路中某点的电压波形，测量整机的性能指标等等，都属于测试的范畴。可以说测试始终贯穿于电子产品设计、调试、生产以及故障检修整个过程之中。完成一项测试需要做好以下几个方面的工作。

1. 选择测试仪器

为保证测量精度，首先要合理选用测试仪器。所谓合理，就是根据被测电路和被测信号的性质来选用测试仪器。选用某种仪表不仅要求它具有某项测试功能，更重要的是其各项性能指标要合乎测试要求。对于初学者，以下问题非常简单，但容易忽视。

（1）测试仪器量程应该与被测信号的幅值相适应，这是显而易见的。

（2）根据对测量精度的要求选用相应精度等级的测试仪器。

（3）被测信号的频率应在测试仪器工作频率范围之内，否则将造成测量误差增大，甚至根本无法测量。

（4）尽量减小测试仪器接入被测电路后对电路真实状态的影响。具体说就是，测电压时测试仪器的输入阻抗应足够大；测电流时测试仪器的输入阻抗应足够小；测量高频信号时测试仪器的等效输入电容应足够小。

需要注意，完成同一测试可选用不同的仪器（如测量交流电压可以使用万用表、晶体管毫伏表、示波器等），即使是同一种测试仪器，其性能、价格、精度等也有所不同，一般情况下，要仔细分析对测试结果的具体要求，才可能做出最佳选择。

2. 制定测试方法

如果说测试仪器是测试技术中的硬件，那么测试方法就如同软件，二者在测试中的作用是相辅相成的。电子产品需要测试的性能参数有很多，我们不能指望每一项参数都用专门的仪器一测即得。实际上，除了一些很简单的测试之外，多数情况下需要运用仪器仪表结合一定的测量方法和技术，才可完成测试。有的测试比较复杂；有的测试无法利用现有仪器获得直接测试结果；有的测试需要采取一定的辅助措施来提高测量精度。当遇到这些情况时，需要认真分析，制定正确的测试方案，才可能获得满意的测量结果。对同一参数的测量可采用不同的测试方法，例如：测量直流稳压电源的性能指标时，需要测试微小的输出电压变化量，有两个测试方案供选择。方案一：选用多位高精度数字电压表直接测量；方案二：选用普通电压表、辅助直流电源，结合测试方法——差值测试法进行测量。二者相比，方案二不需要昂贵的多位高精度数字电压表，可保证测量精度，缺点是工作效率稍逊。在实际测量工作中，往往需要在测量仪器、测量精度及工作效率等方面进行权衡，来决定采用何种测试方法。

电压是电子技术中最重要的基本参数之一，电子设备中各个电路所处理的信号多数为电压信号；电路的工作状态也往往用电压的形式来表示。测试电压方法简单，可供选择的仪器较多，容易获得高测量精度。因此，电压的测试是最基本的、最常用的测试技术，要学会电子产品的测试、调试及故障检修技术，必须掌握电压的测试技术。

许多电参数都可视为电压的派生量，对它们的测试本质上可以归结为电压的测试。当有的参数不便于测量，或者无法用现有仪器直接测量，利用一定的测试方法将其转换为对电压的测试，间接获得测量结果，这是测试工作中经常采用的方法。

3. 测试环境要求

测试环境主要指气候环境和电磁环境。被测电子产品和测试仪器对测试环境都有一定的要求，只有满足这种要求才能得到正确的测试结果。使用电子仪器前，应仔细阅读使用说明书中对使用环境条件的要求，特别是精确度和灵敏度很高的仪器，其工作状况受温度、湿度以及电磁场的干扰等环境条件的影响很大，切不可盲目地在不能使用的环境下使用仪器，以免造成不必要的损坏。

4. 测试过程中应注意的问题

(1) 测试仪器的共地连接。在测试仪器的信号输出端口（或输入端口）的两个端子中，有一端是其内部电路的公共参考地（工作接地），我们称之为低端（或冷端），另一端为高端（或热端）。大多数测试仪器的冷端接到仪器的外壳上，有时还要求外壳与大地进行良好的连接（安全接地）。之所以这样做，一方面是为了使测试仪器具有良好的电磁兼容性，另一方面是防止仪器漏电危及人身安全。使用低端（冷端）接机壳的电子仪器进行测试时，测量仪器的冷端和被测电路的地线（工作接地）应连接在一起，并构成系统的参考地电位，这就是测试仪器的共地连接，只有这样才能保证测量结果的正确性。如果不采用共地连接，仪器机壳将引入较强的干扰，会造成电路的工作状态发生变化，测试结果不可靠。例如用共地连接的仪器测量晶体管集电极和发射极之间的电压 U_{ce} 时，不是把仪器直接跨接在晶体管的集电极与发射极之间，而是应分别测出集电极和发射极的对地电压 U_c 和 U_e，再计算求得 $U_{ce}=U_c-U_e$。对于用干电池供电的万用电表等，由于其两端是悬浮的，一般而言，可以直接跨接到被测试电路的两个测试点之间进行测量。

共地连接并不是简单地将所有测试仪器的冷端（外壳）连在一起，再与被测电路的地线连接。在测量过程中，将测试仪器冷端接到被测电路公共地线的不同点上，可能得到不同的结果，这是一个不容忽视的问题。因为任何导线（包括印刷电路板上的印制导线）都不是电阻为零的理想导体，所以实际被测电路公共地线上各点并不是等电位的，测试仪器接入位置不合理将会产生寄生耦合，其后果是测量误差增大，甚至造成被测电路无法正常工作。尤其要注意需要接到被测电路输入端的仪器（如信号发生器），其冷端不能接到被测电路输出端的地线上，以避免输出信号通过地线的公共阻抗耦合到输入端造成自激振荡。

实行安全接地的仪器接入被测电路时，必须采用共地连接，否则将造成短路。图 4-1 就是一种造成短路的错误连接方式，A_2 是仪器一的冷端，D_2 是仪器二的冷端，由于两台仪器都实行安全接地，所以 A_2 和 D_2 事实上已经连在一起。B_2 至 C_2 这条线是被测电路的公共参考地。很明显，这种连接方式造成了被测电路输出 C_1 点与地短路。正确的连接方式是 D_1 和 D_2 两个测试端交换位置，即 D_1 与 C_1 相连；D_2 与 C_2 相连，形成共地连接。需要说明，在有些情况下，当多台

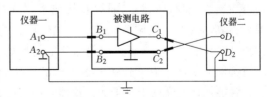

图 4-1 冷端连接错误造成短路

测试仪器都实行安全接地时，被测电路输出信号会通过安全接地线作用于电路输入端，形成寄生耦合，或者因为形成闭合的接地环路而引入干扰，影响电路正常工作，所以，必要时只好将个别仪器（最主要的是接于电路输入端的仪器）的安全接地线去掉。

（2）测试线的正确使用。测试线要用屏蔽线，屏蔽线的外屏蔽层要接到系统的地线上。在频率比较高时，要使用带探头的测量线，以减小分布电容的影响。通常，测试仪器提供一定长度的测试线，为了减小干扰，获得较高测量精度，不应再在其上附加其他导线。高频仪器设备用的测试线，必须采用该仪器规定的或相同型号的高频电缆连接，且长度也必须按原仪表配套的规定，不能任意改变，否则将造成误差。

4.1.2　调试

顾名思义，调试是测试、调整的过程。一个电子产品在研制阶段，往往需要经过多次调试，才能最终确定设计方案。电子产品完成装接以后，要有一个调试的过程，才能够使产品的功能、质量指标达到预期的设计要求。电子设备使用一个时期后，由于其中元器件参数的老化等原因，会导致失调现象的发生，表现为性能指标下降、精度降低甚至出现故障，这也需要通过调试使其恢复正常。

4.1.2.1　不同阶段调试的特点

在电子产品的研制阶段，通过测试来发现设计中存在的问题。调试过程中往往需要调整元器件参数，当仅仅调整元器件参数无法达到要求时，就需要修改电路形式，甚至变更设计方案。经过反复调试、修改，才能确定设计方案。完成设计后，对于要进行批量生产的产品，一般要制定相应的调试工艺文件以供生产阶段使用。

在电子产品的生产阶段，除了很简单的产品之外，应根据调试工艺文件进行调试。实践表明，新完成装接的产品，往往难以达到预期的效果。这是因为人们在设计时不可能周全地考虑到元件值的误差、器件参数的分散性、寄生参数等各种复杂的客观因素的影响，所以需要通过调试来消除这种影响。此外，电子产品装接过程中可能存在错误，要经过调试来发现错误并加以纠正。

调试分为初步调试和性能调试。初步调试的目的是发现产品装接过程中存在的错误（短路、虚焊、错焊、漏焊和其他错误连接等），排除故障；对于较复杂的产品，要调整其内部的一些调节元件（如电位器、可变电容器等，这些内部调节元件习惯上称之为半调整元件），使它的各部分电路均处于正常工作状态，使面板上所有的控制装置都能起到其应有的作用。电子产品的初步调试是以定性为主，定量为辅的。

性能调试是借助于电子测试仪器，调整对应的、相关的调节元件，使电子产品整机各项技术性能指标均符合规定的技术要求。电子产品的性能调整测试，必须在初步调整测试的基础上进行，否则一方面在进行性能调整测试；另一方面又要去排除电子产品的故障，这样势必造成工作效率十分低下。电子产品的性能调试是以定量为主的。

4.1.2.2 调试前的准备

1. 调试人员的要求

调试人员应理解产品工作原理、性能指标和技术条件；正确合理使用仪器，掌握仪器的性能指标和使用环境要求；熟悉产品的调试工艺文件，明确调试的内容、方法、步骤及注意事项。

2. 安全措施

有些产品中的电路（或其中一部分电路）与供电电网没有电隔离，比如某些型号的彩色电视机的电源电路；有的产品则直接处理交流市电，如电子镇流器等。调试该类产品时，最好使用1：1隔离变压器，以防止人身触电，避免接入测试设备造成电源交叉短路。调试大型整机的高压部分时，应在调试场地周围挂上"高压"警告牌。如果待调试的电子产品含有对静电敏感的器件，则应采取静电防护措施。为了人身和仪器安全，电子仪器的电源线、插头、绝缘层应完好无损。对于需要安全接地的仪器，在开机前应检查仪器的接地是否良好。

3. 环境要求

气候环境和电磁环境应符合产品及测试设备的要求。调试场地应整齐清洁，避免高频电磁场干扰，例如强功率电台、工业电焊等干扰会引起测量数据不准确，必要时，调试应在屏蔽室内进行。当测试仪器对温度、湿度环境要求较高时，应在装有空调设备的房间内使用。当对电网电压要求较高时，应使用电子交流稳压器。值得注意的是，在交流稳压器的电源开关接通的瞬间，其输出电压会超过250V，经过几分钟预热后，才会逐渐稳定在调定的电压上，因此要等交流稳压器输出电压稳定后，才可使用。

4. 仪器仪表的放置和使用

根据工艺文件要求，准备好测试所需要的各类仪器设备，核查仪器的计量有效期、测试精度及测试范围等。仪器仪表的放置应符合调试工作的要求，保证不相互干扰、测试结果准确、操作方便和安全。

5. 技术文件和工装准备

技术文件是产品调试的依据。调试前应准备好产品的技术说明书、电原理图、检修图和工艺过程指导卡等技术文件。对大批量生产的产品，应根据技术文件要求准备好各种工装夹具。

4.1.2.3 调试工作的一般程序

简单的小型电子产品，装配完毕即可直接进行调试。对较复杂的产品应按一定程

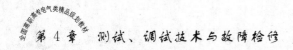
序进行调试。在下面每一步骤中，一般遵循先进行初步调试后进行性能调试的原则。

1. 通电调试要求

在通电前应检查电路板上的接插件是否正确、到位，检查电路中元器件及连线是否接错，注意晶体管管脚、二极管方向、电解电容极性是否正确，检查有无短路、虚焊、错焊、漏焊等情况，测量核实电源电压的数值和极性是否正确。只有这样，才能提高调试效率、保障调试顺利进行、减少不必要的麻烦。通电后应观察机内有无放电、打火、冒烟等现象，有无异常气味，各种调试仪器指示是否正常。如发现异常现象，应立即断电。

2. 电源调试

电源是各单元电路和整机正常工作的基础。在电源电路调试正常后，再进行其他项目的调试。通常电源部分是一个独立的单元电路，电源电路通电前应检查电源变换开关是否位于要求的挡位上（如 110V 挡、220V 挡），输入电压是否正确；是否装入符合要求的熔丝等。通电后，应注意有无放电、打火、冒烟现象，有无异常气味，电源变压器是否有超常温升。若有这些现象，应立即断电检查，待正常后才可进行电源调试。

电源电路调试的内容主要是测试各输出电压是否达到规定值、电压波形有无异常或质量指标是否符合设计要求等。通常先在空载状态下进行调试，目的是防止因电源未调好而引起负载部分的电路损坏。对于开关型稳压电源，应该加假负载进行检测和调整。待电源电路调试正常后，接通原电路检测其是否符合要求，当达到要求后，固定调节元件的位置。

3. 各单元电路的调试

电源电路调试结束后，可按单元电路功能依次进行调试。例如电视机生产的调试可分为行扫描、场扫描、亮度通道、显像管及其附属电路、中放通道、高频通道、色度通道、伴音通道等电路调试。直至各部分电路均符合技术文件规定的指标为止。

4. 整机调试

各单元电路、部件调好后，便可进行整机总装和调整。在调整过程中，应对各项参数分别进行测试，使测试结果符合技术文件规定的各项技术指标。整机调试完毕，应紧固各调整元件。

4.2 单元电路的测试与调试

通常情况下，一个复杂的电子产品是由多个功能相对独立的单元电路构成的。首先对每一单元电路分别进行调试，然后将各个单元电路联合起来进行整机调试是一种常用的方法。单元电路的调试是整机总装和调试的前提，其调试效果直接影响到产品质量，它是整机生产过程中的重要环节。

4.2.1 一般调试原则

1. 单元电路的划分

单元电路划分应该按照以下原则进行：①单元电路的功能相对独立；②便于调试。一般而言，一个单元电路会有输入端和输出端。为了测试的需要，有时要在输出端接上假负载来代替后级电路。通常情况下，按着信号流程，先调试前级单元电路，待它输出正常信号后，便于调试后级电路。在调试后级单元电路时，有时利用前级信号直接进行调试；有时为了测试该单元电路的性能参数，需要在输入端接信号发生器输入所要求的信号。

2. 静态测试与调整

静态工作状态是一切电路的工作基础，如果静态工作点不正常，电路就无法实现其特定功能。静态工作点的调试就是在无输入信号的情况下，测量、调整各级的直流工作电压和电流使其符合设计要求。因测量电流时，需将电流表串入电路，连接起来不方便；而测量电压时，只需将电压表并联在电路两端。所以静态工作点的测量一般都只进行直流电压测量，如需测量直流电流，可利用测量电压的方法间接获得电流大小。有些电路根据测试需要，在印制电路板上留有测试用的断点，待串入电流表测出数值后，再用锡封焊好断点。

由于晶体三极管特性一致性较差，所以对于由三极管分立元件组成的电路要进行静态工作点的调试。对于运算放大器，有时要进行静态调零。对于模拟集成电路，其使用手册上一般给出各引脚上正常工作状态下的直流电压，按照手册给定的方法接好外围电路，一般即可正常工作，不需要对静态工作点进行大的调整。集成电路各引脚对地的电压反映了内部电路的工作状态。只要将所测电压与正常电压相对比，如有异常，在排除外电路元件异常的情况下，即可判断为内电路故障，需更换集成电路。

3. 动态测试与调整

静态工作点正常后，便可进行动态调试。动态测试的项目包括动态工作电压、波形的形状、幅度和周期、输出功率、相位关系、频带、放大倍数、动态范围等。这种调试的目的是为了保证电路各项参数、性能、指标符合技术要求。

4. 数字电路调试的特点

调试数字电路与调试模拟电路有很大的不同。如果一个数字电路设计完善、装接正确无误、元器件性能良好，那么它几乎不需要调整即可达到设计要求。在数字电路设计阶段进行调试的目的是发现设计中的错误，比如检查有无竞争冒险现象，验证能否自启动。在生产阶段调试的目的是发现产品装接过程中存在的错误、查找损坏的器件，排除故障。测试内容多是信号电平、跳变及信号间的时序关系。

4.2.2 基本放大器的调试

放大电路是电子设备最基本、最重要、最常用的电路，毫不夸张地说，不掌握放大电路的测试、调试方法，在电子产品的测试、调试及故障检修工作中就会寸步难行。因此，掌握它的调试方法具有非常重要的意义。放大器种类繁多，用途、功能及性能指标也各不相同，这里以小信号低频放大器为例，说明放大电路测试与调整方法。基本电压放大器如图 4-2 所示。

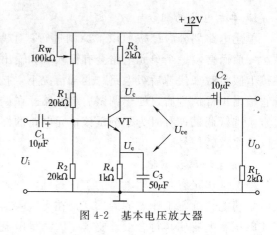

图 4-2　基本电压放大器

4.2.2.1 静态工作点的调试

1. 测试内容

测试内容包括直流电压 U_c、U_e、U_{ce}，其中 $U_{ce} = U_c - U_e$，可以不直接测量，而是通过计算间接得到测试结果。

2. 测试仪表

数字万用表（直流电压挡），20MHz 示波器，低频信号发生器，直流稳压电源。

3. 方法和步骤

（1）初步调整。输入端不加交流信号，对地短路。测 U_{ce}，调整 R_w，使得 $U_{ce} = E_c/2$。经过这步调整，把工作点建立在了直流负载线的中点，使放大器工作于放大状态。在此过程中，如果出现实测结果与理论估算值相差太大的情况，则应检查电路有没有故障，测量有没有错误，电路中是否存在寄生振荡及干扰。

（2）细调。静态工作点是否合适，对放大器的性能和输出波形都有很大影响，工作点太高，放大器在加入交流信号以后易产生饱和失真，此时 U_o 的负半周将被削底，如图 4-3（a）所示；如工作点偏低则易产生截止失真，即 U_o 的正半周被缩顶（一般截止失真不如饱和失真明显），如图 4-3（b）所示。这些情况都不符合不失真放大的要求，所以在初步选定工作点以后还必须进行细调。为了使输出电压得到最大动态范围且失真小，应将静态工作点调至交流负载线的中点。

放大器输出端接负载 R_L；低频信号发生器输出频率为 1000Hz，幅度 10mV 左右

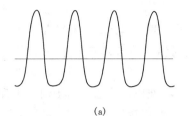 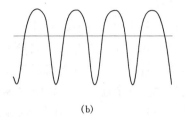

(a)　　　　　　　　　　　　　　(b)

图 4-3　饱和失真和截止失真

(a) 饱和失真；(b) 截止失真

的正弦电压信号 U_i，加入被测放大器输入端；用示波器测量 U_o 波形。如果 U_o 波形上下同时出现失真，说明 U_i 太大，应减小 U_i，使得 U_o 不失真。然后逐渐增大 U_i 幅度，在此过程中，如果出现单侧失真（饱和或截止）则调整 R_w，消除失真；之后，再增大 U_i，直到 U_o 上侧和下侧刚刚同时出现失真为止，说明工作点已调在交流负载线的中点。工作点调整完毕。

　　需要注意，并不是所有的放大器都把"输出电压最大不失真"作为首要的技术指标，即使同一个多级放大器中的不同级电路对性能指标要求的侧重点也是不同的。比如：低噪声放大器要求输入级电路的工作点的设置要保证内部噪声最小；无线电接收机的变频电路需要工作于非线性区，以获取较高的变频增益；所以它们工作点的调试方法也不同。总之，应根据实际电路的具体要求来调试静态工作点。

4.2.2.2　放大倍数的测量

　　(1) 测量仪器。20MHz 示波器，低频信号发生器，交流毫伏表，直流稳压电源。

　　(2) 测量方法。电压放大倍数的测试电路框图如图 4-4 所示，图中被测放大器可以是图 4-2 电路，也可以是其他放大器；低频信号发生器输出端中的冷端接被测放大器的公共参考地，热端接被测放大器输入端；R_L 为负载电阻。用交流电子毫伏表或示波器，分别测出输出电压和输入电压的有效值 U_o 和 U_i，于是可求得电压放大倍数 A_V。

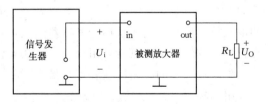

图 4-4　测量放大倍数示意图

$$A_V = \frac{U_o}{U_i}$$

用分贝数表示，则其电压增益为

$$A'_V = 20 \lg \frac{U_O}{U_i}(dB)$$

测量电压放大倍数是通过测量交流电压进行的，因此，凡是测量交流电压该注意的问题，这时均应注意。此外，测量电压放大倍数应合理选择输入信号的幅值和频率。输入信号过小，则不宜观察，且容易串入干扰；输入信号过大，会造成失真。输入信号的频率应在电路工作频带中频区域内。另外还应注意，由于信号源都有一定的内阻，所以测量 U_i 时，必须在被测电路与信号源连接后进行测量。测试图 4-2 电路，可选择 $U_i=10mV$，信号频率 1kHz。

4.2.2.3　幅频特性的测量

放大器的频率特性是指放大器的电压放大倍数 A_V 与输入信号频率 f 之间的关系

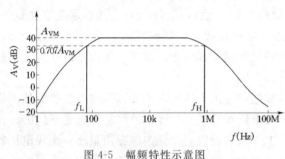

图 4-5　幅频特性示意图

曲线。图 4-2 所示单管阻容耦合放大电路的幅频特性曲线如图 4-5 所示，设 A_{VM} 为中频电压放大倍数，通常规定电压放大倍数随频率变化下降到中频放大倍数的 $1/\sqrt{2}$ 倍，即 $0.707A_{VM}$ 所对应的频率分别称为下限频率 f_L 和上限频率 f_H，则通频带为

$$f_{BW} = f_H - f_L$$

1. 测试方法

测试放大器的幅频特性可用点频法或扫频法。扫频法使用扫频仪直接测出频率特性曲线，特点是测量结果直观、效率高。点频法测量是采用手动方式测量各个频率点的电压放大倍数，间接获得频率特性曲线，特点是效率较低，但测试结果准确。在没有扫频仪的情况下，只能采用点频法，在此仅介绍点频法。

测量放大器的幅频特性就是测量不同频率输入信号时的电压放大倍数 A_V。因此可采用前述测 A_V 的方法，每改变一个信号频率，测量其相应的电压放大倍数。首先调节 U_i 幅度，选择一个不失真的 U_O，然后固定 U_i，调节信号频率到某一值，以使 U_O 最大，并把这个频率定为中频（中频的范围一般比较宽，此时可以选择一个整数值用作中频）。用交流毫伏表或示波器测量中频时的 U_O 值，然后调节信号发生器的频率，分别测量 U_O 的值，并记录相应的频率。测量时应注意取点要恰当，在低频段与高频段应多测几点，在中频段可以少测几点。此外，在改变频率时，要保持输入信号的幅度不变，且输出波形不得失真。

2. 调整方法

当频率特性不符合要求时应进行调整。对于图 4-2 所示电路，调整 C_e、C_1、C_2 大小，可改变频率特性的下限频率；当上限频率不满足要求时，最简单的方法是更换高频特性更好的三极管。

3. 注意事项

（1）在整理测试数据时，应画出对数幅频特性，即横坐标为 $\lg f$，纵坐标为增益 $20\lg A$。

（2）测量电路频率特性时，应注意选用频带比较宽的测量仪器。在测量高频特性时，注意测量仪器输入电容的影响。例如，20MHz 双踪示波器经探头（10∶1）的输入电容不大于 25pF，DA—16 型晶体管交流毫伏表的输入电容不大于 50pF。测量高频特性时，应使示波器的输入信号经过 10∶1 的探头，并且不要将示波器和交流毫伏表同时接到被测电路上。

（3）使用示波器 10∶1 探头进行测量之前，首先要对探头本身进行频率补偿的调试，使其工作于最佳补偿状态。

4.2.2.4 输入电阻的测量

由于放大电路的输入电阻 R_i 是一个等效的交流电阻，所以不能使用万能电桥或万用表的电阻挡直接测得。测量输入电阻的方法很多，图 4-6 所示为常用的测量输入电阻的电路，图中 R 为外接测试辅助电阻，R_L 为放大器输出端所接实际负载电阻。

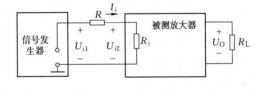

图 4-6　测量输入电阻原理图

给定一个合适的 U_{i1}（频率在频带内中频区域），即可测得 U_{i2}（此时放大器的输出电压 U_O 应为不失真的正弦波）。由测得的 U_{i1} 和 U_{i2}，即可求得电路的输入电阻为

$$R_i = \frac{U_{i2}}{I_i} = \frac{U_{i2}}{(U_{i1} - U_{i2})/R}$$

测量辅助电阻 R 的数值应选择适当，不宜太大或太小。R 太大，将使 U_{i2} 的数值很小，从而加大 R_i 的测量误差；R 太小，则 U_{i1} 和 U_{i2} 读数又十分接近，导致（$U_{i1} - U_{i2}$）误差增大，故也使 R_i 的测量误差加大。一般选取 R 与 R_i 阻值非常接近，由于 R_i 是未知量，测量时选取电阻 R，使得 U_{i2} 约为 U_{i1} 的一半即可。当被测电路输入电阻很高时，上述测量法将会因 R 和电压表的接入而在输入端引起测量误差。特别是电压表内阻不是很高时，将会造成较大的测量误差。

4.2.2.5　输出电阻的测量

R_O 是放大器的等效输出电阻。测量电路如图 4-7 所示，其中 R_L 是测试用的辅助电阻，而不是放大器输出端所接实际负载电阻。

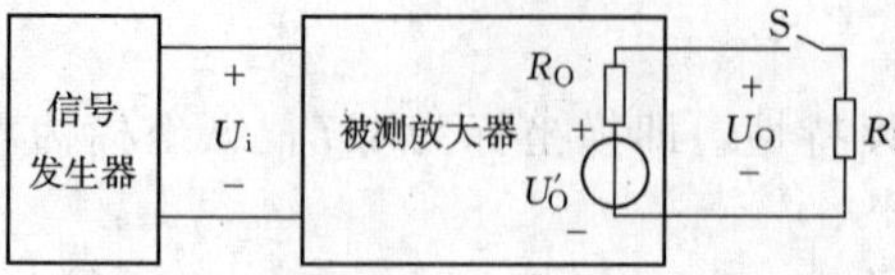

测量步骤如下：

（1）首先断开 R_L，测的输出电压为 U_{O1}。

（2）然后接入 R_L，再次测得输出电压为 U_{O2}。

（3）求得输出电阻 R_O 为

图 4-7　测量输出电阻原理图

$$R_O = \left(\frac{U_{O1} - U_{O2}}{U_{O2}} \right) R_L = \left(\frac{U_{O1}}{U_{O2}} - 1 \right) R_L$$

测量时应注意：①输入电压 U_i 两次测量时应保持相等；②U_i 的大小应适当，以保证 R_L 接入和断开时，输出电压为不失真的正弦波；③输入信号的频率应在频带内中频区域；④一般选取 R_L 阻值与 R_O 接近相等，因为 R_O 是未知量，测量时选取电阻 R_L，使得 U_{O2} 约为 U_{O1} 的一半即可。

4.2.2.6　输出电压波形失真的测量

一般对放大器的失真不作定量测量时，可采用示波器来观察。在工作频带内任选一频率输入信号，调节输入信号的幅值，观察示波器中的输出电压波形的幅值，并使之达到指标要求值，然后观察波形的顶部和底部有没有因限幅或截止而变平，最后检查波形正、负半波周期时间间隔是否相等。如果波形的顶部和底部变平，波形正、负半波周期时间间隔相差较多，则说明电路产生了较严重的失真。若要准确定量测量波形的失真系数，则需采用非线性失真度测试仪。

4.2.3　集成运算放大器电路的调试

4.2.3.1　调试集成运放电路注意事项

（1）通电前的检查。利用万用表欧姆挡进行检查，以确保正、负电源与输出端和其他引出端之间，以及两输入端之间均无短路现象。

（2）接入电源。电源电压应按器件使用要求，先调整好输出电压，然后接入电路，且接入电路时必须注意极性，不能接反。

（3）避免短路。测量过程中应避免表笔、探头等造成短路。短路可造成集成运放损坏。

（4）输入信号不能过大。输入信号过大可能造成阻塞现象或损坏器件，因此，为了保证正常工作，输入信号接入集成运放电路前应对其幅度进行粗测，使之不超过规定的极限。差模输入信号应远小于最大差模电压，共模输入信号大小控制在允许范围内。

（5）调零。所谓调零就是在输入信号为零时，通过调整使得输出信号为零。在有些应用场合，要求对集成运算放大器进行调零，通常应用手册上针对某种型号的集成运放给出具体的调零方法。调零时应注意：①调零必须在闭环条件下进行（构成负反馈），否则无法调零；②集成运放同相与反相输入端对地等效直流电阻应相等；③输出端应该用小量程电压挡测量，以使调零准确；④若调节调零电位器输出电压不能达到零值，或输出电压不变（例如约等于正电源电压或负电源电压），则应检查电路接线是否正确，如输入端是否短接或接触不良，输入短路接线有没有开路，电路有没有闭环等。若经检查接线正确、可靠且仍不能调零，则可怀疑集成运放损坏或质量不好，需更换之。

4.2.3.2 集成运放电路调试实例

1. 调试电路

如图 4-8 所示电路是一个由运放构成的 RC 桥式振荡电路，其工作原理简述如下：C_1、C_2、R_3 及 R_4 串并联电路构成正反馈支路，兼作选频网络，R_1、R_2、R_w、R_5 及二极管 VD1、VD2 构成负反馈和稳幅环节。调节电位器 R_w，可以改变负反馈深度，以满足振荡的振幅条件和改善波形。利用两个反向并联二极管 VD1、VD2 正向电阻的非线性特性来实现稳幅。VD1、VD2 采用硅管（温度稳定性好），且要求特性匹配，才能保证输出波形正、幅半周对称。R_5 的接入是为了削弱二极管非线性的影响，以改善波形失真。

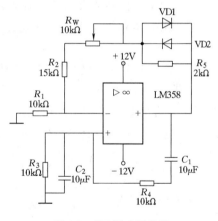

图 4-8 RC 桥式振荡器

电路的振荡频率为

$$f_0 = \frac{1}{2\pi RC}$$

其中，$R = R_3 = R_4$，$C = C_1 = C_2$。

2. 静态调试

对于由分立元件构成的振荡器，静态调试的目的是使振荡器中的三极管工作在合适的状态，从而满足振荡电路的动态特性要求。若测量所得静态工作状态不满足设计要求，则需查明原因，消除故障，并调整有关元件值，使之满足设计值。对于图 4-8 而言，当存在电路装接错误或元器件故障造成电路无法工作时，可通过静态测试来找到故障原因并排除之；而一般情况下，不需要进行静态调试。

3. 动态调试

正弦波振荡器主要性能指标有输出信号频率及其稳定度、幅值及其稳定度、波形失真度等。所以，振荡器的动态调试主要进行振荡频率的调整与测试、振荡幅度的调整与测试、失真度的调整与测试。测试主要采用示波器、电子交流毫伏表。若要求准确测量频率时，则需采用数字式频率计。测量时应注意测量仪器输入阻抗对振荡器的影响，测量仪器接入被测电路，有时会发生振荡频率偏移及幅值变化，甚至停振。为了减小测量仪器的影响，仪器尽量接到低阻抗测量点或采取隔离措施（如在缓冲级后测量等）。

（1）幅值调整与测量。振荡器接通直流电源后，就有可能产生振荡，可采用示波器观察输出端电压波形。若此时将正反馈电路断开，输出波形消失，则说明示波器所显示波形不是干扰或寄生振荡波形；若示波器中没有输出波形，则说明电路没有起振，这时应先检查正反馈电路有没有接通，反馈极性是否正确，然后调整 R_w，减小负反馈量，提高放大倍数，直到输出出现正弦波形为止。若输出电压幅值不够大，则采用上述方法同样可以使输出幅值增大；若要使输出电压减小，则反调之即可。

（2）振荡波形的调整与测试。振荡器输出波形用示波器观察应为不失真的正弦波，如图 4-9（a）所示。有时示波器上观察到的波形可能是严重失真的波形，如图 4-9（b）所示。这是由于正反馈过强（$A_F \gg 1$），因而使集成运放工作在限幅状态所致。这时应调整 R_w，增大负反馈量，减小放大倍数，直到输出变为正弦波形为止。

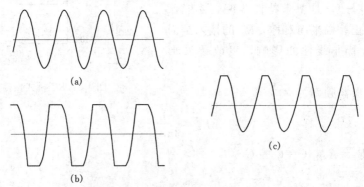

图 4-9　RC 桥式振荡器输出波形

（a）正常波形；（b）严重失真波形；（c）不对称波形

有时输出波形呈现为图 4-9（c）形状，这说明 VD1 和 VD2 严重不对称或者其中之一开路。应排除电路故障或更换二极管消除失真。

当要求输出波形失真很小时，应采用失真度测试仪来定量测试失真。两个二极管特性应当一致。减小 R_5 阻值有利于减小输出波形失真，但是不利于幅度的稳定，应兼顾两者的要求，选择 R_5 大小。

4.3 整机的测试与调试

整机调试是为了保证整机的技术指标和设计要求，把经过动静态调试的各个部件组装在一起进行相关测试，以解决单元部件调试中不能解决的问题。

4.3.1 整机调试一般步骤

（1）整机外观检查。整机外观检查主要检查外观部件是否完整，拨动、调整是否灵活。以收音机为例，检查天线、电池夹子、波段开关、刻度盘、旋钮、开关等项目。

（2）整机的内部结构检查。内部结构检查主要检查内部结构装配的牢固性和可靠性。例如电视机电路板与机座安装是否牢固；各部件之间的接插线与插座有无虚接；尾板与显像管是否插牢。

（3）整机的功耗测试。整机功耗是电子产品设计的一项重要技术指标。测试时常用调压器对整机供电，即用调压器将交流电压调到 220V，测试正常工作整机的交流电流，将交流电流值乘以 220V 便得到该整机的功率损耗。如果测试值偏离设计要求，说明机内有短路或其他不正常现象，应进行全面的检查。

（4）整机统调。主要目的是复查各单元电路连接后性能指标是否改变，如有改变，则调整有关元器件。

（5）整机技术指标的测试。已调好的整机为了达到原设计的技术要求，必须经过严格的技术测定。如收音机的整机功耗、灵敏度、频率覆盖等技术指标的测定。不同类型的整机有不同的技术指标及相应的测试方法（按照国家对该类电子产品的规定处理）。

4.3.2 整机调试举例

下面以图 4-10 所示收音机为例说明整机的调试过程。

超外差式接收机调整的主要项目有各级静态工作点的调整（工作点调整）、中频频率调整（中频调整）、频率范围的调整（波段覆盖调整，又称对刻度）及统调（灵

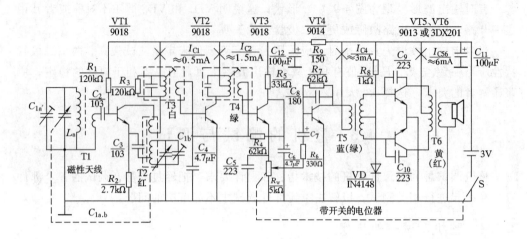

图 4-10 收音机原理图

敏度调整、同步跟踪调整）等。

1. 工作点调整

调整方法是把直流电流表从后级向前级依次串入各晶体管集电极电路中，调节各级偏置电路中的相应元件（一般为基极上偏流电阻），分别使各级晶体管集电极直流工作电流符合技术说明书中规定的电流数值。

调整时应该注意：①在无外来信号输入情况下进行，否则调不准。为此，可将双连可变电容器 C1a.b 全部旋入，或将输入电路用导线短路；②直流电流表串入集电极电路时，最好表笔两端并联一个 $0.1\sim0.47\mu F$ 的旁路电容；③若用电位器调节基极偏流电阻时，电位器要串一个阻值适当的固定电阻，调整好后，测出所需的偏流电阻值再换上固定电阻，以免电位器阻值调至零时，烧坏晶体管。

2. 中频调整

晶体管工作点调整好后，接着要进行中频频率的调整。一般通过调整中频变压器的磁芯或磁帽与线圈的相对位置，改变线圈的电感量，使中频变压器谐振于 465kHz 频率上，实现中频频率的调整。利用高频信号发生器提供中频信号源，用示波器或电子毫伏表来监视调整过程。调整时，调节高频信号发生器输出幅度合适的 465kHz 的中频调幅信号（用仪器内 400Hz 或 1000Hz 音频信号对 465kHz 信号以 30% 的调幅度进行调制），并经 1000pF 的电容耦合到被调机变频管 VT1 基极或者用环形天线发射无线电信号。示波器或电子毫伏表并接于扬声器两端。双连可变电容器 C1a.b 动片全部旋入，以减少对中频信号的衰减，音量控制电位器 R_w 调至输出较大的位置。被调机通电后，边观察示波器上的输出波形幅度或电子毫伏表指针的指示，边用无感改锥调整中频变压器的磁帽，先调后面一个中频变压器 T4，调好 T4 后再调 T3，每调整一个中频变压器均使输出指示为最大，同时扬声器发出的音频（400Hz 或 1000Hz）声音最响。然后适当减小高频信号发生器输出幅度，按上述方法和顺序反复几次调整，使输出音频信号幅度最大，且不失真，表明中频频率已经调整好。最后可用高频蜡将磁帽封住。

3. 频率覆盖范围调整

中频频率调整好后，往往要对频率覆盖范围调整，其目的是为了保证收音机可变电容从全部旋进到全部旋出时恰好包括整个接收波段，并且收音机接收频率与它所表示的刻度频率一致。进行调幅波段频率覆盖调整时，本振信号频率与所接收台的高频信号必须保持 465kHz（中频）差值。对于刚装好的或调换了变频元件的收音机，它的本振频率与接收信号频率差值往往不为 465kHz，所以通过调整收音机的振荡回路，使各个调谐点的本振频率与接收信号频率相差 465kHz。调整频率范围，通过调整本机振荡回路的振荡线圈 T2 的磁帽和补偿用的微调电容 C1b′ 来实现。先调波段低端，后调波段高端。

高频信号发生器输出的高频调幅信号（调制信号为 400Hz 或 1000Hz，调幅度为 30%）经专用环形天线变成电磁波向外辐射，用示波器或电子毫伏表监视输送到扬声器的音频信号幅度。调整频率低端时，高频信号发生器通过天线发射 525kHz 的调幅信号，被调机的双连可变电容器 C1a.b 动片全部旋入（容量最大），然后用无感改锥调整本振线圈 T2 的磁帽，使收音机能够接收到高频信号发生器发射的信号，并且输出指示最大，扬声器发音最响。此时，人为地把频率刻度指针对准 525kHz。调整频率高端时，高频信号发生器通过天线发射 1605kHz 的调幅信号，双联可变电容器 C1a.b 动片全部旋出（容量最小），用改锥调整本振回路的补偿电容 C1b′，使收音机能够接收到高频信号发生器发射的信号，并且输出指示最大，扬声器发音最响。此时，收音机频率刻度指针自动对准 1605kHz。由于高、低端的调整会互相影响，低端调本振电感，高端调本振补偿电容的过程要反复调整几次才能调准。

4. 统调

频率范围的调整完成后，就可以进行同步跟踪调整，即统调。统调的目的就是使收音机在波段内各频率点上，本振频率与接收电台载频之差等于中频或接近中频，以提高接收灵敏度和波段内灵敏度的均匀度。C1a 和 C1b 采用同轴的双联可变电容器，理论上要求，电容器调到任何位置，都要使天线回路的调谐频率和本机振荡回路的谐振频率相差 465kHz，实际上无法做到这点，而只能实现在一个波段内三点统调。由于本机振荡回路元件在频率范围调整时已经调好，因此，统调是通过调整输入回路的

电感 L_a（T1 初级绕组）和补偿用的微调电容 C1a′ 来实现的。对于 AM 收音机的中频波段（525～1605kHz），统调在三个频率上进行，它们为低频端 600kHz、中间频率 1000kHz、高频端 1500kHz，即通称"三点统调"。一般先调频率低端，后调高端。步骤如下：

（1）统调低端。高频信号发生器输出 600kHz 高频调幅信号（调制信号为 400Hz 或 1000Hz，调幅度为 30%）经环形天线向外发射，用示波器或电子毫伏表监视扬声器两端的音频信号幅度。旋动双连可变电容器 C1a.b，使收音机能够接收到高频信号发生器发射的信号，调整输入回路线圈 L_a 在磁棒上的位置，即调整电感 L_a，使输出指示最大，扬声器发音最响。

（2）统调高端。高频信号发生器输出信号载频改为 1500kHz，旋动双连可变电容器，使收音机能够接收到高频信号发生器发射的信号，调整输入回路中的微调电容 C1a′ 使输出指示最大，同时扬声器发音最响。

（3）上述调整过程反复几次，使高、低端调整时，输出指示最大值相差较小。高、低端调好，而中间频率点也自然调整好（输入回路线圈与双连可变电容器配套）。

（4）统调完毕后，需用高频蜡固定线圈在磁棒上的位置，及本振回路中振荡线圈内磁帽的位置。为了鉴别统调是否准确，可以使用电感量测试棒对输入回路进行检查。电感量测试棒一头嵌有高频磁芯称为铁端，另一头嵌有铜棒称为铜端。如果统调准确，用测试棒铁端靠近输入线圈（使 L_a 增大），铜端靠近输入线圈（由于铜端感应了高频电流形成涡流，使能量损耗增大，L_a 减小）时，均会引起输入回路失谐，输出指示减小，扬声器发音变小。如果铁端或铜端靠近时输出都增大，则说明未统调好，是电感量 L_a 偏小或偏大，应重新统调。

4.4　常用故障检修方法

故障检修是学生进行电子制作过程中的重要环节。学生电子制作属于业余制作，它与工厂的专业化生产有着很大区别，主要表现在以下几个方面：①产品的设计原理及工艺可能不是十分成熟或完善，尤其是工艺方面很难达到专业设计、生产的水平；②元器件一般没有经过严格的检验、筛选及老化；③装接技术水平较差；④生产调试环境、设备、文件资料及管理等各方面存在明显不足。这些因素导致业余制作产品故障率较高。对于刚刚步入电子制作之门的学生而言，制作产品的过程很大程度上是排除故障的过程，只有先排除故障使电路处于正常工作状态，然后才能追求各项技术指标。

电子设备的检修就是对电子设备故障的查找、确定和纠正的过程。在检修过程中，要运用各种知识、经验进行分析、推理、判断；要运用各种测试手段来验证推断的正确性，根据测试结果，寻找新的线索，重新进行分析、推理；如此反复，直到找出故障根源。检修人员要善于在电子设备的测试、检修实践过程中，逐渐地积累经验，不断地提高水平。

4.4.1 故障检修的一般步骤和原则

1. 检修前的准备工作

（1）准备好测试设备、工具、材料，建立一个良好的检修环境。本章第一节关于"调试前的准备"的内容同样适合于故障检修前的准备。

（2）准备好有关技术资料。通过认真研究技术资料，了解待修设备工作原理、技术指标、电气性能、电路数据、使用方法、常见故障等。

（3）进行调查和分析判断。全面地了解待修设备的故障发生情况和故障现象，并借鉴以往的检修经验，分析判断设备发生故障的原因。

2. 检修过程中应遵循的原则

（1）首先进行由表及里的检查。查看外表有无损伤变形；面板上的开关、旋钮、按键是否失灵；电源（或电池）是否正常，由无接触不良现象；打开机壳后，先进行直观检查，可能发现显而易见的故障点；这样可以防止盲目动手而走弯路。

（2）先粗略确定故障的部位，再逐步缩小范围，最后找出故障元件。

（3）不可盲目拆卸元器件或部件。拆装元器件之前，首先考虑其后果。比如，检修移动电话时，应接上天线或假负载，如果随意拆除天线而且不接假负载而使移动电话处于发射状态，则有可能损坏末级功率放大管或功率放大集成电路。

（4）要注意区分源发性故障和继发性故障。源发性故障是真正的故障源，继发性故障是由源发性故障造成的故障。比如，电视机电源电路出现故障，输出电压大幅度升高，结果把行扫描电路烧毁，我们说，电源故障是源发性故障，行扫描电路故障是继发性故障，因为前者是后者发生的直接原因。一个元器件的损坏常常会引起电路中电压和电流的失常，这样可能造成其他元器件的损坏，所以查出的已损坏的元器件可能是故障的根源，也可能不是故障的根源，而是故障产生的结果。这些必须引起大家的重视。检修不仅要找出继发性故障，还必须找出源发性故障，否则不排除源发性故障，那么，继发性故障还会继续发生。

3. 排除故障后的调试、整理工作

排除故障后，首先应进行验收检查，验收检查应在电子设备的各种工作状态下进行，必要时进行定量测试检定，验证各项技术指标是否符合要求。其次，是整理工作，如恢复电路原状、做好清洁工作、擦拭焊点、整理元器件位置和走线方向等。一

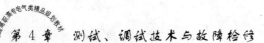

般在结束之后，还要做好总结工作，填写检修和鉴定记录，把电子设备在检修过程中出现的故障症状、故障原因及维修措施、成功的经验和失败的教训等方面的材料记录在案。日积月累的电子设备维修档案材料，只有在电子设备的检修实践中才能获得，是极其宝贵的经验，务必注意保存，以便日后利用。

4.4.2 常用故障检修方法

1. 直观检查法

直观检查法是指在不采用任何仪器设备、不焊动任何电路元器件的情况下，凭人的感觉——视觉、嗅觉、听觉和触觉来检查待修电子设备故障所在的一种方法。直观检查法是最简单的一种查找设备故障的方法。

第一步，在不通电的情况下对电子设备进行直观检查。打开电子设备外壳，观察检查电子设备的内部元器件的情况。通过视觉可以发现保险丝的熔断；元器件的脱焊；电阻器的烧坏（烧焦烧断）；印刷电路板断裂、变形；电池触点锈蚀；机内进水、受潮；接插件脱落；变压器的烧焦；电解电容器爆裂；油或蜡填充物元器件（电容器、线圈和变压器）的漏油、流蜡等现象。用直觉检查法观察到故障元器件后，一般需进一步分析找出故障根源，并采取相应措施排除之。

对于学生的电子制作产品应重点检查是否存在装接错误，包括：二极管、三极管及电解电容器等元器件的极性是否接错，是否存在错焊、漏焊、虚焊、短路及连线错误，集成电路、接插件是否插反、插接是否可靠到位。

第二步，进行通电检查。即在电子设备通电工作情况下进行直观检查。通过视觉可以发现元器件（电阻器等）有没有跳火烧焦、闪亮、冒烟，显像管灯丝亮不亮等现象。通过嗅觉可以发现变压器、电阻器等发出的焦味。通过听觉可以发现导线和导线之间，导线和机壳之间的高压打火，以及变压器过载引起的交流声及其他异常声音等。一旦发现上述不正常现象，应该立即切断电源，进一步分析找出故障根源，并采取措施排除之。通过触觉可发现元器件明显的异常温升，检查温升一般应在切断电源的情况下进行，以免发生人身触电、烫伤等事故。

2. 电阻测量法

在不通电的情况下，利用万用表在线测试电路两点间的等效电阻，可以发现电路中存在的某些故障。用电阻测量法不仅可以判断电路中是否存在短路、断路，还可以发现元器件是否损坏。

当电路中存在非线性元件（最常见的有二极管、三极管等）时，测量结果与万用表的量程挡位、表笔顺序有关。关于这点，由万用表电阻挡的等效电路很容易弄明白其中道理。图4-11（a）、（b）是万用表电阻挡的等效电路。

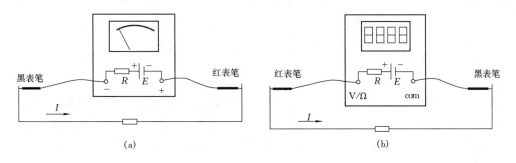

图 4-11 万用表电阻挡的等效电路

（a）指针式万用表；（b）数字式万用表

万用表置于电阻挡时，从它的两个表笔向其内部看进去的等效电路是一个电阻 R 与电池 E 的串联。不同挡位，R、E 的大小不同。指针式万用表测量电阻时的等效电路如图 4-11（a）所示，电流由万用表内部经"－"端（黑表笔）流出，再经过被测电路，从"＋"端（红表笔）回到万用表内部。与此正好相反，数字式万用表测量电阻时的等效电路如图 4-11（b）所示，电流由万用表内部经"V/Ω"端（红表笔）流出，再经过被测电路，从"com"端（黑表笔）回到万用表内部。测量时，应注意二者之间的区别。

进行电阻测试时，可将实际测试得到的电阻值与正常值相比较。在测试某点对地电阻值时，应该与被检设备技术资料给定的数据比较对照。通过对电阻的测试，或对可疑支路的点与点之间的电阻测试，能发现可疑的元器件。在进行电阻测试时，应注意到电路中晶体管极间的阻值相当于一个二极管。当 PN 结上加正偏压时，则 PN 结导通，可以测得甚小的电阻值；当 PN 结上加反偏压时，则 PN 结截止，可以测得很大的电阻值。进行电阻测量时，电路应处于不加电源的状态之下。测量具有滤波电容器等电路中的电阻值之前，应先让电容器短路放电。另外应注意到，通常在电子设备技术资料中所提的阻值，仅仅是指电阻器的电阻值和线圈、变压器的直流电阻值。用万用表电阻挡在线测量时，一般需要对调表笔测量两次，对两次测量结果进行比较，然后做出判断。

图 4-12 为电视机部分电路简化示意图。正常工作时，电源 a、g 两端

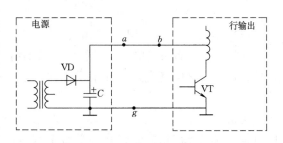

图 4-12 电阻测量法应用实例

输出电压为 110V，现在出现故障，该电压为 0V，怀疑元器件损坏造成 a、g 两点间短路。应用电阻测量法检查。

应用实例：电阻测量法应用举例。

（1）切断电源。

（2）用指针万用表。测量 a、g 两点间的电阻，置于"×1k"挡，红表笔接 g 点，黑表笔接 a 点，若测得阻值接近于 0，则表明确实存在短路（注意，如果测得阻值较大，表明 a、g 两点间没有短路，应查找其他故障原因。另外需要说明，由于 VD 的存在，如果黑表笔接 g 点，红表笔接 a 点，测得阻值较小，并不能表明确实存在短路）。

（3）断开 a、b 之间的连线。再次测 a、g 两点间的电阻，方法同上。如果阻值很大，说明短路不是由电源电路造成的；否则阻值很小，表明故障在电源部分（VD 或 C）。

（4）再次运用此法，可进一步缩小故障查找范围，直到确定故障元件为止。比如，测量 b、g 两点间的电阻，方法同上。若阻值接近于 0，则可断定三极管 VT 击穿。

在线测量判定二极管、三极管是否损坏，最好使用数字万用表的"▸▸"挡进行测量，其特点是准确、快捷。

对于集成电路也可以运用电阻测量法来判定好坏，但要有相应的技术资料作为参考。一些维修资料中给出集成电路各个引脚对地的等效电阻值。检修时，将测量值与资料中提供的正常值相比较才能做出正确的判断。需要注意，资料中给出的数据是某种集成电路在具体应用电路中、用特定型号的仪表测得的，可能不是很准确。

3. 电压测试法

电压测试法是用万用表测量电路中某些关键点的直流电压，将实际测得的电压值与正常值相比较，寻找故障的方法。正常直流电压值可以从以下几个方面获得：

（1）有关技术资料标明的（比如图纸）。

（2）积累的经验。

（3）从同类型的正常机器中获得。

（4）在不具备被检电子设备技术资料的情况下，亦可通过原理分析和估算或者软件仿真，获得该电路或元器件正常工作状态下的数值（如晶体管各管脚的相对电压值等）。

所谓关键点一般是指对测试、调试、故障检修起重要作用的点，通过对该点电压的测量，可以判定相关电路状态是否正常，可以帮助找到故障位置。这些点一般包括：电路的供电电源，三极管和集成电路各引脚电压等。

必须注意，电路处于动态和处于静态时的区别，输入信号强与弱时的区别。比如，电视机中频放大电路输出的 AGC 电压随着输入信号的强弱变化而发生明显的变化。另外，对电子设备进行实际测试获得的电压值，可能与该设备技术资料提供的数值存在一定差异。但是对于普通的电子设备而言，只要电压误差在 20%（甚至 30%）以内，电子设备的电路工作状态一般均属正常。

4. 电流检查法

这里所说的电流是直流电流。因为测量电流需要断开被测电路将电流表串接于其中，操作起来比较麻烦，所以在很多情况下通过测量电压间接获得电流值。但在某些情况下，需要直接测量电流。

5. 波形测试法

波形测试法是用示波器测试信号波形寻找故障的方法。电子电路的故障症状和波形有一定的关系，电路完全损坏时，通常会导致无输出波形；电路性能变差时，会导致输出波形减小，或波形失真。波形测试法在检修失真故障、检修脉冲电路故障中得以广泛的运用。用示波器测量信号波形形状，通过分析，通常可以正确地指出故障电路位置。波形测试法测得的波形应与被检电路的正常波形进行比较对照。正常波形可通过以下方式获得：

（1）待修设备的技术资料，提供一些关键点的波形。当然，应该注意到，有些电子设备技术资料所提供的正常波形，并不一定十分精确，因此在有些情况下，电子设备中实际测试所获得的波形与其相近似时，即可表明被测电路正常工作。

（2）由正常工作的同型号设备获得。

（3）经验。应用实例：波形测试法应用举例。

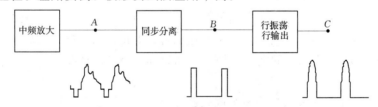

图 4-13　波形测试法应用实例

图 4-13 是电视机实现行扫描同步过程的简化示意图，A 点波形是中频放大电路输出的全电视信号，其中应该含有幅度足够大的行同步信号；B 点波形是从全电视信号中分离出来的并经过放大的行同步脉冲信号；C 点波形是行逆程脉冲。正常工作时，行扫描电路在行同步脉冲作用下输出与之严格同步的行扫描信号。当电视机出现行频不同步现象时，C 点波形的频率肯定不等于行频（15625Hz），可按以下方法查找故障：

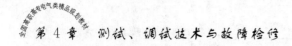

1）测试 B 点波形。如果波形正常，则故障在 B 点后面的行振荡电路中。

2）如果 B 点波形不正常或根本没有，则故障在 B 点以前的电路中。测试 A 点波形，如果 A 点波形正常（同步头正常），则故障在同步分离电路中。

3）如果 A 点波形不正常（同步头太小或根本没有），则故障在 A 点以前的电路中，常见的故障原因是中频放大电路的 AGC 失控，导致中频信号过强，超出了中频放大电路的动态范围，造成 A 点的信号同步头被压缩，最终表现为电视屏幕上的图像出现行不同步的故障现象。

需要指出，根据波形的有无来查找故障比较简单。根据波形的异常形状来确定故障原因则要求有一定的经验或理论知识。

6. 信号跟踪法

信号跟踪法是在待检修电路的输入端加上合适的信号，然后按照该信号在电路中的流程，由前向后用测试仪器对它进行跟踪测试，进而查找电路故障的方法。该法是在被检电路处于动态工作情况下进行的。使用测试信号，借助测试仪器（如示波器、毫伏表等），由前向后逐级进行检查（跟踪）。该法能定量地检查各级电路，能迅速地确定发生故障的部位。检查时，应使用适当的外部信号源提供测试信号，加到待修电路的输入端。然后，用示波器、毫伏表（对于小失真放大电路还需要配以失真度测量仪），从信号的输入端开始，由电路的前级向后级，逐级观察和测试有关部位的波形及幅度，以寻找出反常的迹象。如果某一级电路的输入端信号是正常的，而其输出端的信号没有、或变小、或波形限幅、或失真，则表明故障存在于这一级电路之中。关于输入的测试信号频率和幅度，应该参照被检修电子设备技术资料所规定的数值，特别是在进行定量测试时，一定要严格遵循。

有些情况下，不需要加入外部信号源而是直接利用电路正常工作时的实际信号。比如，检修电视机、收音机时，可直接利用电台、电视台的广播信号。但是，这类信号一般为随机信号，不容易进行定量测试，所以在有条件的情况下，尽量使用信号发生器的信号。

应用实例：信号跟踪法检修多级放大器。

图 4-14　信号跟踪法应用实例

图 4-14 是灵敏度为 10mV、频带宽度为 10Hz～20kHz、放大倍数为 1000 倍的多级放大电路示意图。采用由信号发生器提供的，频率为 1kHz、幅度为 10mV 的正弦

信号作为测试信号。将已知测试信号输入到多级放大电路的输入端。然后，用示波器对其进行跟踪检查。把示波器的输入端接到多级放大电路的输入端 1 处，观察 1 处的输入信号，如果一切正常，则再将示波器依次接到源极跟随器输出端 2 处、第一级放大电路输出端 3 处、第二级放大电路输出端 4 处及末级放大电路输出端 5 处，分别一一观测波形。如果在第一级放大电路的输入端 2 处的输入信号是正常的，而该级输出端 3 处的输出信号不正常，则故障肯定在第一级放大电路，必须对这一级放大电路进行进一步的、深入细致的分析检查，定能找出故障。

7. 信号输入法

信号输入法是在被测电路某些点上，由后向前依次加上合适的外部测试信号，然后根据被测电路对该信号的响应情况来寻找故障的一种方法。信号的响应可以用测试仪器测量，有时则可由被检电路的终端（如显示屏幕、喇叭等）直接显现出来。检查时，由后级向前级检查，把已知的、不同测试信号分别输入至各级电路的输入端，同时观察被检设备最终输出是否正常，以此作为确定故障存在的部位和分析故障发生原因的依据。对于加到各级电路输入端的测试信号的波形、频率和幅度，通常应参照被检电子设备的技术资料所规定的数值。特别要注意，由于各级电路输入端的信号是不同的，在条件允许的情况下，应该完全按照被检设备技术资料提供的规定的输入、输出信号要求进行检测。

应用实例：信号输入法检修收音机无声故障。

图 4-15 是典型的收音机电路（其中一部分）。用信号输入法检修故障时，信号发

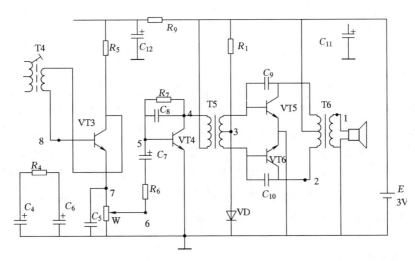

图 4-15 信号输入法应用实例

生器的输出端要通过一个电容将信号加到各测试点，以免造成直流短路。各点所加信号幅度应该与该收音机正常工作输出额定功率时所要求的值大体相当，有关资料提供的数据可作参考。还需注意，信号发生器存在一定的输出阻抗，测试点相对于公共参考地有一定的等效输入阻抗，所以真正加到测试点上的信号比信号发生器本身显示仪表的示值要小，测试点等效输入阻抗越小，这种误差越大。检修时，应该实测加到各测试点的信号幅度。

（1）在图中标号为 1 的点上（简称 1 点，下同）输入频率 1kHz、幅度约 0.5V 的正弦信号，正常时，喇叭应发出足够大的声音。如果喇叭不响，则说明喇叭有故障。

（2）若 1 点测试正常，则将频率 1kHz、幅度约 2V 的正弦信号加到 2 点。正常时，喇叭应发出足够大的声音。如果喇叭不响，则说明变压器 T6 有故障。依次类推，由后向前逐级检查，当测试某点正常，而测试下一点不正常时，表明故障位置介于这两点之间。

（3）图中 1 点至 7 点均可输入音频信号进行测试，实际检修时，完全不必教条地遵循从 1 点到 7 点的检测顺序。比如，可直接在 7 点加信号测试，如果正常，则表明低频放大器正常，1 点至 6 点的测试即可省略。

（4）图中 8 点应该加调幅波而不是音频信号。测试时，用高频信号发生器输出 50mV 的调幅波，其载波为 465kHz，调制信号为 1000Hz，调制系数为 30%。

8. 同类对比法

同类对比法是将待修的电子设备与同型号的、能正常工作的电子设备进行比较、对照的一种方法。通过对有疑问的相关电路的电压、波形、对地电阻、元器件参数等进行比较对照，从对比的数值差别之中找出故障。在检修者不甚熟悉被检设备电路的相关技术数据，或手头缺少设备生产厂给出的正确技术数据时，可将被检设备电路与正常工作的同型号设备电路进行对比。这是一种极有价值的电子设备检修方法。如果在电子设备的测试检修过程中，手头有一台正常工作的同型号的电子设备可供对比，则会带来极大的方便。特别是对于一个缺乏实际测试检修经验的初学者来说，同类对比法显得更为重要。在电子设备的某些特殊电路（如脉冲数字电路）中，用其他的测试检修方法有时很难找到电子设备的故障根源，通过同类对比相关电路的电压值、波形等，就能比较容易地找到设备故障根源。一般地，作为一个有经验的电子设备检修者，通常都善于在日常检修工作中积累记录正常电子设备的电压、电流、波形、对地电阻、元器件参数等数据、资料。这样，在缺少可供同类对比的正常电子设备时，亦能顺利地完成电子设备的检修工作。

9. 分割测试法

分割测试法是把电子设备中与故障相关的电路，合理地、一部分一部分地分割开来，以便明确故障所在电路范围的一种故障检查方法。该法是通过多次的分割检查，肯定一部分电路，否定一部分电路，一步一步地缩小故障可能发生的所在电路范围，直至找到故障位置。分割测试法特别适用于检修复杂的电路系统。复杂系统一般都是由若干个单元电路组合而成的，由于整个系统太复杂，不能立即采用常规的方法查找出故障，为此，断开其中一个单元电路，观测断开该单元电路后对原故障现象的影响，如果故障现象消失，则表明该单元电路存在故障。运用分割测试法时，务必注意有些电路不能随意断开，有时要在断开点上加上适当的假负载，否则可能造成新的故障；特别是检修开关型稳压电源之类的脉冲电路时，断开较大的负载会导致稳压电源输出电压出现较大幅度的升高，有可能损坏接于其上的其他负载电路或稳压电源本身。

应用实例：分割测试法应用实例之一。

图 4-16 所示是一个电子设备的电源电路与多路负载电路的功能原理框图。该电子设备在开机后，立即熔断保险丝，这是一种电流过载的故障现象。从图 4-16 所示的功能图可见，故障可能发生在电源电路，也可能发生在负载电路之一，或负载电路之二，或负载电路之三中。这种类型的电路故障，通常可采用分割测试法进行检查，一般能比较迅速地找出故障所在的位置。具体检查时，可先把电

图 4-16 分割测试法应用实例之一

源电路的总输出断开，然后接通该电子设备的交流供电电源，检查电子设备是否继续熔断保险丝。如果，开机后不再熔断保险丝，则可以判断电流过载引起熔断保险丝的故障根源在负载电路部分。究竟是哪一部分负载电路故障，可将已经断开的多个负载电路，一个一个地、先后依次地接上电源电路，观察哪一路负载接上后会引起保险丝熔断，则故障即发生在那一路负载电路之中。在这个基础上，再进一步把故障范围缩小到具体电路的位置和元器件上。如果，在断开电源供给电路的总输出之后，当电子设备接通电源后仍继续熔断保险丝，则可以判断故障发生在电源电路部分。当然，并不排除由于负载电路的严重过载，继而造成电源供给电路元器件的损坏这种情形。这时，可以结合采用电阻测量法来加以鉴别。

应用实例：分割测试法应用之二。

在检查具有闭合环路（如反馈电路等）的系统或单元电路故障时，由于整个环路中的任何一个环节出现故障都可能导致整个系统无法正常工作，所以一般直接检查是很难找得出故障所在的。若采用分隔测试法，则比较容易找出故障原因。具体进行检查时，必须在反馈闭合环路断开的地方，输入适当的信号。然后，检测整个电路上的

信号是否有错误。在正常情况下，环路应该在便于输入低功率信号的地方断开。

图 4-17（a）、（b）是利用分割测试法检修 RC 桥式振荡电路无输出故障的示意图。检修步骤如下：

（1）图 4-17（a）是待修的 RC 桥式振荡电路原理图。断开×点，将整个电路分为放大环节和反馈环节两部分，形成图 4-17（b）所示电路。

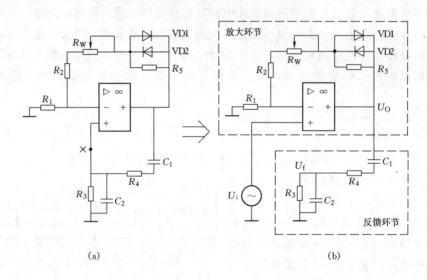

(a)　　　　　　　　　　(b)

图 4-17　分割测试法检修振荡电路

（a）待修的 RC 桥式振荡电路；（b）分割后的电路

（2）如图所示加入测试信号 U_i。电路正常工作时，在起振阶段工作于小信号状态，放大环节放大倍数 A_V 大于 3；振荡过程稳定后，电路工作于大信号状态，$A_V=3$。为了测试放大环节是否满足起振条件，外加测试信号幅度选定为 mV 级，不能太大，否则信号过大，放大器稳幅特性会使得放大倍数大幅度减小，导致判断失误。外加测试信号频率应该接近于电路正常工作时的振荡频率（由 C_1、C_2、R_3、R_4 决定）。

（3）测量 U_i 和 U_O，计算放大倍数 A_V。如果 $A_V>3$（最好是远远大于 3），则表明放大环节无故障；否则 A_V 小于或等于 3，故障在放大环节。

（4）当确定放大环节无故障后，可断定故障在反馈环节。

当然，由于上述电路非常简单，利用分割测试法检修故障体现不出优越性。电路越复杂、规模越大，分割测试法越能发挥作用。

10. 代换法

代换法是一种将正常的元件、器件或部件，去替换被检设备电路中可疑的相关元件、器件或部件，以确定故障部位的方法。

替换元器件、部件时，一般应在电子设备断电的情况下进行。当确认某元器件已损坏，在替换该元器件以前，必须查明损坏原因，防止将新替换的元器件再次损坏。在替换集成块之前应认真检查外围电路及焊接点，在没有充分理由证实集成电路发生故障之前，最好不要盲目拆卸替换集成电路。尽量减少不必要的拆卸，多次拆卸会损坏其他相邻元器件或印制电路板本身。在缺少专用测试仪器或维修资料的情况下，可用相同机型的元器件进行比较，尽可能确诊故障点。直接替换时，要使用完全相同的型号，如果用其他型号代替，一定要确认替换元器件的技术参数满足要求。

现代电子设备大量使用 CPU、CPLD、FPGA、MCU（单片机）等可编程器件；功能趋向于智能化；制造工艺愈来愈精密；这些因素使得元器件的代换愈发困难。首先是无法搞清楚器件的确切功能，所以无法判定其好坏；其次，即使能够确定故障器件，在没有专用工具的情况下，也无法把它拆卸下来进行代换。所以在检修这一类设备（比如电脑）时，多采用部件代换或板级代换的方法。这种修理方法被许多专业的修理部门所采用。当被检设备必须在工作现场迅速修复、重新投入工作时，替换已经失效的印刷电路板和组件是首选方案。代换法使电子设备在工作现场的修复时间缩到最短，且被替换下来的印刷电路板或组件可以在以后的某个适宜时间和地点，从容地找出有故障的具体位置。部件代换或板级代换法的代价较高，一般情况下不宜作为设备检修的主要方法。但是，随着电子产品大幅度降价，价格将不再是制约使用部件代换或板级代换方法的因素。

11. 交流短路法

交流短路法又称电容旁路法，是一种利用适当容量和耐压的电容器，对被检电子设备电路的某一部位进行旁路检查的方法。这是一种比较简便迅速的故障检查方法。

电路中经常使用电解电容器，电解电容器长期工作后容易失效（其电容量变小或消失），导致电路故障。当怀疑某个电容失效时，用完好的、适当的（容量接近于可疑电容，耐压足够）另一个电容器并联在可疑电容上，若电路故障消失，则可断定可疑电容确实失效。

应用实例：交流短路法应用实例。

图 4-18 所示放大电路出现放大倍数明显减小的故障现象。经检查，静态工作点完全正常，可初步断定三极管良好。怀疑 C_1、C_2 或 C_3 容量变小或完全失效，导致放大电路的放大倍数变小。现在尝试用交流短路法检修之。选用一个容量为 $50\mu F$、耐压 16V 的电解电容器 C，在不拆下 C_1、C_2 或 C_3 的情况下，将 C 先后分别并联在 C_1、C_2、C_3 上，如果 C 并联在某个电容器上，故障消失，则表明该电容器损坏，须更换之。需要注意，并联操作时，C 的极性应该与被检电容一致。

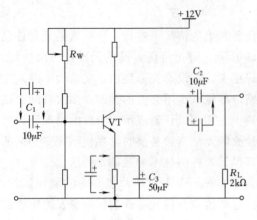

图 4-18　交流短路法应用实例

交流短路法适宜用来判断电子设备电路中产生的电源干扰。电子设备若出现电源干扰或噪声故障时，就可以采用适当容量和耐压的电容器，对电源电路的相关点（如滤波电容器等处）进行旁路。通过电容器的旁路，即能排除由于电源引起的干扰和噪声，找到故障原因。

有些电子产品使用陶瓷滤波器、声表面滤波器，它们的好坏无法用万用表等常用仪器测量，所以在检修时经常采用交流短路法来判断，即在滤波器的输入和输出端之间跨接一个适当的电容器，若故障现象消失，说明滤波器损坏。

注意事项：在一些较大功率的脉冲电路（如开关型稳压电源）中，有些关键的电容器的容量不能随意加大，如果在它上面并联一个电容，可能导致电路故障，因此，须慎用这种检修方法。

12. 调整法

调整法是指通过调节电子设备的内部可调元件（俗称半调整元件，如电位器、半可变电容器、可调电感器等），使电子设备恢复正常的方法。

电子设备在运输、搬运过程中，碰撞、震动会引起机内可调元件参数的变化；电子设备长期的运行、工作环境因素的影响，都会造成电路参数和工作状态发生变化。上述这些情况造成的电子设备故障，一般可通过调整法排除。例如，收音机磁棒线圈由于震动而偏离原来位置，结果造成收音机接收灵敏度降低，这时应该对收音机重新进行统调，才能排除故障。在使用调整法时，必须采取慎重的态度。如果把这些内部半调整元件随意调乱了，不仅不能排除故障，反而会增加很多麻烦。因此，在运用调整法时，既要大胆，又要细心，切忌鲁莽从事。除非已确认故障是由于失调引起的，否则不能随便调节内部调整装置。使用调整法进行检修，要求检修人员具备较高的技术素养，且对被检设备工作机理有较深的理解。

第5章

小屏幕黑白电视机安装与调试

5.1 KA2915CP（D2915、AN5151）单片机的简介

5.1.1 KA2915 单片机的简介

KA2915 是大规模电视机专用集成电路。该 IC 采用的是反向高放 AGC 电路。其主要功能如下：

中频放大器、视频检波器、预视放电路、中放和高放 AGC 电路、AFC 电路、抗干扰（消噪）电路、同步分离电路、场振荡电路、场预激励电路、行 AFC 电路、行振荡电路、行预激励电路、伴音第二中频放大电路和鉴频电路等。电源电压范围：8～12V（典型值：10V）。

集成电路 KA2915 共有 28 根引脚，采用双列直插塑料封装结构，其内部电路方框图及各引脚功能见图 5-1 及表 5-1。

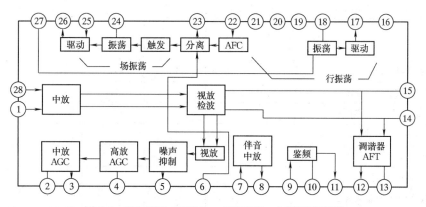

图 5-1　KA2915（D2915、AN5151）内部原理框图

表 5-1　　　　　　　　　**KA2915CP 引脚功能及工作参数（参考值）**

引脚号	引脚功能	工作电压（V）		在线电阻（kΩ）		开路电阻（kΩ）	
		无信号	有信号	黑表笔接地	红表笔接地	黑表笔接地	红表笔接地
1	图像中频信号输入脚1	4.6	4.6	8.9	8.9	6.3	7
2	高放 AGC 电压调整	5.2	5.2	3.5	3.5	7	9.5
3	高放 AGC 电压输出	1.8	1.8	3.5	3.5	7	8.5
4	中放 AGC 滤波	7.4	4.7	13.5	17.5	6.5	9
5	视频信号输出	4	3.1	12.2	19	6	10
6	同步分离级电路输入	5.7	6.1	13.5	18	6.5	15
7	第二伴音中频输入	2.9	2.9	14	16	7.5	8
8	第二伴音中频输入偏置	2.9	2.9	14	15.5	7	7.5
9	伴音中频信号输入	4.5	4.5	6.9	6.9	6	6.5
10	伴音鉴频器电路输入	4.5	4.5	6.9	6.9	7	8.5
11	伴音音频信号输出	3.3	3.1	13.9	16.5	6.5	9
12	AFT 电压输出	4.6	3.8	13.6	20	6.5	11
13	AFT 移相网络连接端	3.5	3.5	14.5	17	7	8.5
14	视频同步检波线圈1	6.2	6.2	3	3	6	9
15	视频同步检波线圈2	6.2	6.2	3.1	3	6	9
16	电源2	8.8	8.8	1	1	5	7.5
17	行激励信号输出	1.1	1	13.5	15.5	6.5	10
18	行振荡器振荡频率控制	4.9	4.9	13	16	7	9.5
19	行鉴相器误差电压输出	4.9	4.9	13.9	9.5	6.5	∞
20	电源1	9.1	9.1	1	1	4	5.5
21	地	0	0	0	0	0	0
22	行逆程脉冲信号输入	3	3	14.7	17.6	7	14
23	同步分离级电路输出	0.5	0.8	14	20	6.5	14
24	场振荡器振荡频率控制	4.6	4.4	13.5	16.5	7	12.5
25	场锯齿波负反馈输入	0.3	0.3	12.5	17	6	12
26	场激励级电路信号输出	3.3	3.1	13.85	19	6.5	13
27	X 射级保护电路输入	0	0		0	6.5	8
28	图像中频信号输入脚2	4.6	4.6	8.9	8.0	6.5	7

5.1.2　整机电路介绍

本机电路采用黑白电视单片机 KA2915CP，电路见总线路图附图 3。射频信号由天线或电缆插座进入电子调谐高频头输入脚第①脚，经放大、选频、鉴频后，从高频头的第⑨脚输出 38MHz 的中频信号。此信号由 VT1 预中放级放大后，经声表面滤波器 SWA，进入 IC1 即 KA2915 的中频输入端①和㉘。在 IC 内部完成放大检波后，从⑤脚输出负极性视频信号，此信号分为三路：一路经 AV/TV 开关输到视放级 VT8 放大后显像管提供阴极调制信号；一路向 IC1 的第⑥脚输入复合同步信号，经 IC 内部的同步分离电路分离出行、场同步信号分别控制 IC 内部的行、场振荡电路；最后一路经陶瓷滤波器 Y1 滤出 6.5MHz 的伴音第二中频信号，再经 IC1 的第⑦脚返回到 IC 内部，经放大和 FM 解调，从 IC1 的第⑪脚输出音频信号经 AV/TV 开关送到由 VT13、VT11、VT12 组成的 OTL 功放电路，音频信号经 OTL 放大后推动喇叭，即完成伴音输出。

场振荡信号经驱动电路从 IC1 的第㉖脚输出，经过由 VT5、VT6、VT7 组成的 OTL 互补推挽电路，推动场偏转线圈，实现场扫描。场消隐信号经过 R_{58}、VD13 加到视放管 VT8 发射极。

行振荡信号经驱动电路由 IC1 第⑰脚输出，经行激励级 VT9 放大、倒相后，推动行输出管 VT10，实现行扫描。行消隐信号经 R_{56} 加到视放管 VT8 发射极。

利用行偏转线圈中的反峰电压，激励行输出变压器，获得显像管各极电压、视放管工作电压和电子调谐高频头的调谐电压。

电源部分是由 VT2、VT3、VT4 组成的典型串联稳压电路。

5.2　电源电路部分

5.2.1　电源部分电路介绍

电路如图 5-2 所示（W 点去行扫描电路的自举电路中的 W 点）。

（1）电源变压器。电源变压器将 AC220V 50Hz 的交流电压降压，给整流滤波电路提供合适的交流电压。为了防止电网中的高频干扰通过电源线路窜入电视接收机内部电路而影响电路正常工作，变压器初、次级间都加有静电屏蔽层（铜箔或铝箔）并将其接电视机地线。K—007 的电源从插头输入 220V 交流电后，经 T30 将 220V50Hz 的交流信号转化为 12V50Hz 的低压交流电源。

（2）整流、滤波电路。K—007 电视机电路中采用桥式整流和单电容滤波电路。

电源电路图 5-2 中：VD1～VD2 是整流二极管组成桥式整流电路，$0C_1$～$0C_4$ 是保护 VD1～VD2 的电容器，C_{29} 是滤波电容。桥式整流对整流二极管的反向耐压要求低，变压器次级匝数小且无需中心抽头，因此应用较广。

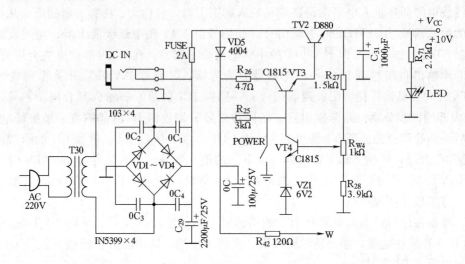

图 5-2　电源原理图

（3）稳压电路工作原理。为了获得稳定的输出电压，K—007 电视机稳压电路是串联型稳压电路：VT2、VT3 组成复合电压调整管；VZ1 是 6.2V 稳压二极管，稳压 6.2V 作为基准电压；R_{28}、R_{w4}、R_{27} 组成取电路，调 R_{w4} 可改变稳压输出电压 U_O 的大小；VT4 是比较放大管，它将基极的取样电压与发射极的基准电压进行比较，并将其差值进行放大，R_{25}、R_{26} 是 VT3、VT4 的直流偏置电阻，保证 VT3、VT4 的直流工作电压；VD5 与 0C 构成二次整流滤波电路，一方面为行扫描电路提供较高的直流电流，另一方面为 VT3、VT4 提供工作电压；C_{31}、C_{63} 是滤波电容。

下面描述稳压过程：

当 U_O 上升时，R_{28}、R_{w4} 和 R_{27} 构成的取样电压上升，即 VT4 的基极 V_{b4} 的电位上升。由于 VZ1 是一个稳压管，它的电压不会随 VT4 的 E 极电流的改变而改变，因此始终维持 6.2V。由以上两个条件，VT4 的 B 极电压上升而 E 极电压不变，可知 VT4 管的 U_{ce} 上升，这将导致 I_{c4} 上升。由于 I_{b3} 很小，一般不会影响 I_{c4} 的电流，所以 I_{c4} 的电流全部加在 R_{25} 上，导致 R_{25} 上的压降上升。此时 VT3 的 U_{be3} 的电压下降，这会导致 I_{c3} 电流下降，即 VT2 的 B 极电流 I_{b2} 下降，I_{b2} 极电流控制 I_{c2} 电流减小，外电路的电压 $U_O = I_{c2}R_1$，这样负载上的电压就下降了，达到稳定电压的目的。当外电路电压下降时，其过程与上述过程相反。

（4）开关电路：

本电路的电源控制在 VT3 的基极控制，其控制过程如下：

开关闭合→VT3 基极接地→$I_{c3}=0$→$I_{c2}=0$→电源关闭。

5.2.2 组装

1. 实训目的和要求

了解电视机稳压电源组成、特点和工作过程；熟悉各元器件的作用、安装和焊接的工艺要求；掌握稳压电源电路装配操作技能。

2. 实训器材准备

（1）常用工具：电烙铁、镊子、斜口钳、螺丝刀（一字和十字）。

（2）仪表：万用表（MF47 型）、DA16 交流毫伏表。

（3）元器件：见元器件明细表 5-2。

表 5-2　　　　　　　　　元 器 件 明 细 表

元 件 名 称	位　　号	规格型号	作　　用
整流部分			
电源线	AC	1.8M 带线卡	电源插头、导电
变压器	T30	次级 AC12V	初级 170Ω/次级 0.9Ω、220V 降到 12V
线扎			绑扎变压器连线套管
热缩管			用于变压器上防止漏电、触电
二极管	VD1～VD4	IN5399	整流
瓷介电容	$0C_1$～$0C_4$	103	保护二极管不受瞬时高压冲击而损坏
滤波部分			
保险管	FUSE	带脚 2A	保护电视机电路
电解电容	C_{29}	2200μF/25V	滤波
稳压部分			
碳膜电阻	R_{25}	3kΩ	直流偏置电阻
碳膜电阻	R_{26}	4.7Ω	直流偏置电阻
碳膜电阻	R_{27}	1.5kΩ	取样电阻
碳膜电阻	R_{28}	3.9kΩ	取样电阻
电位器	R_{W4}	1kΩ（卧式）	取样电位器

续表

元件名称	位 号	规格型号	作 用
稳压部分			
电解电容	C_{31}	1000μF /16V	滤波
电解电容	0C	100μF /25V	滤波
二极管	VD5	IN5399	整流
稳压管	VZ1	6.2V	基准电压
三极管	VT2	D880	电压调整管
散热片		50mm×35mm	为 VT2 散热片
三极管	VT3	C1815	与 VT2 组成复合管
三极管	VT4	C1815	比较放大管
瓷介电容	C_{35}	103	高频滤波电容
电解电容	C_{36}	220μF/16V	中低频滤波电容
电源开关部分			
跳线	J5	15mm	连接 VD5 与电源其他电路
跳线	J3	10mm	连接电源开关部分的跳线
排线	A6、A7	5 芯 90mm	长小板与大板连接线
自锁开关	POWER	二刀二位	电源开关
指示灯部分			
发光管	LED	ϕ2 红色	电源指示灯
碳膜电阻	R_{71}	2.2kΩ	电源指示灯限流电阻
碳膜电阻	R_1	39Ω	

3. 工艺要求

具体要求参照 5.9 总装工艺部分。

4. 实训内容

串联型稳压电源电路的装接。认真熟悉线路图，按照工艺要求进行 K—007 型电视机电源装接。在操作训练中，逐步掌握技能。装接的工艺要求可参照装接工艺进行。

（1）变压器绕组测量。先测试变压器的初、次级绕组。如果初级绕组的阻值在 170Ω 左右，次级绕组的阻值在此期间 0.9Ω 左右，则说明绕组良好，如果电阻值接近 0 或与标准有较大的差距，则变压器内部有短路，如果电阻为∞，则变压器内部开路。

（2）安装变压器电源线。按工艺要求将电源连接到变压器的初级，在连接前应事先套入套管，焊接完成后用丝卡住，剪掉线卡多余的部分。

（3）在接通电源前应先测一下插头两端的电阻，应为170Ω左右，则说明接头没什么问题。将插头插入电源，用万用表交流挡50V测量变压器次级电压，如12V左右，则装接成功。

（4）装接整流元器件VD1～VD4及整流保护电容$0C_1$～$0C_4$，接好带线保险管，然后在C_{29}位置接入一个4kΩ左右的负载电阻。将示波器分别接在负载电阻上和变压器初级位置上，观察变压和整流后的波形变化情况，并记录到表5-3上。

（5）去掉4kΩ电阻，装入C_{29}滤波电容。用示波器接在C_{29}上观察输出波形，注意电压及纹波情况。

（6）按电路要求组装稳压电路部分，注意VD5二极管及J5跳线的安装；安装完成后，调整W4，并在C_{31}两端测试观察电源输出变化情况并做好记录。

（7）电源开关的安装，安装跳线J3及排线A5、A6将大板与长小板连接起来。此时，应注意排线的方向。将电源开关安装到小板上，应注意使用的触点开关（采用按下去时开关断开的那一组，否则开关的开启与关闭将和我们平时使用习惯不同）的状态。安装完成后，注意试验一下开关是否起作用，采用万用表测试C_{31}两极的电压有无变化。

（8）装接电源指示灯：应注意在主板上装上R_1，在小板上装上R_7，否则电源灯不亮，同时装上电源灯，装接方法是：先将发光二极管插在小板上（注意：长脚为正级，短脚为负级），然后将小板临时固定在机壳上，调好发光二极管的位置（使灯完全插入孔中，然后焊接固定，完成后再将小板从机壳上拆下来）。

表 5-3　　　　　　　　　测 试 记 录 表

序号	测试项目	测试数值及波形	
1	变压器绕组电阻	初级绕组电阻：_____ Ω	次级绕组电阻：_____ Ω
2	变压器次级电压	电压值（交流）_____ V	
3	整流前后波形比较	整流前	整流后
4	滤波后的波形及电压	滤波电压_____ V	
5	稳压可调范围	可调最低电压_____ V	可调最高电压_____ V
6	开关试验情况	□可关断 □不可关断（在选项打"√"或"×"）	
7	电源灯试验情况	□正常 □常亮 □不亮（在选项打"√"或"×"）	

5.2.3　指标测试

1. 实训目的和要求

熟悉黑白电视机电源电路的指标及测试方法，掌握调试和电源指标测试的操作技能。

2. 实训器材准备

（1）工具：万用表。

（2）仪器：交流自耦变压器（500W）、负载电阻（10Ω 20W），DA16 交流毫伏表。

（3）测试电路：稳压电源测试连接图，如图 5-3 所示。

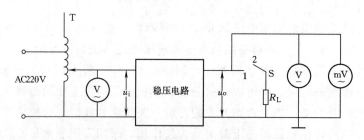

图 5-3　稳压电源测试连接图

3. 测试方法

（1）主要技术要求：

1）输出＋10V 直流电压，并上下可调。

2）稳压特性：空载或满载（负载电流 1.2A）情况下，交流电压从 AC190～240V 变化时，输出的直流电压变化不应超出±0.2V。

3）纹波电压：在空载或满载情况下，交流电压从 AC190～240V 变化时，输出交流纹波电压不大于 5mV。

4）电源损耗：空载时应不大于 40mA，满载时应不大于 150mA。

（2）测试方法：

按照测试电路连接电路，测试方法如下：

1）开关 S 拨到"1"处，稳压电源输出端接入负载电阻 R_L，电路处于满载状态。此时，调整交流自耦变压器 T，使交流输入电压 U_i 为 220V，稳压电源输出的直流电压 U_O 为 10V。

2）在满载情况下，调交流自耦变压器 T，使 U_i 在 190～240V 范围内变化，直流输出电压 U_O 应在（10±0.2）V 范围内，交流毫伏表指示应小于 5mV。

3）开关 S 拨至"2"处，稳压电源处于空载状态。此时，调交流自耦变压器 T，使 U_i 在 190～240V 范围内变化，直流电压 U_O 应在 9.8～10.2V 范围内，交流毫伏表指示应小于 5mV。以上数据填入表 5-4 中。

表 5-4　　　　　　　　　　　　输 出 电 压 调 节 范 围

序号	测试项目	标　　准　　值	实测值		
				满载	空载
1	输出电压	10V 直流可调	最高电压： 最低电压：		
2	稳压特性	空载或满载，交流电压 190～240V 变化时，稳压输出变化小于 ±0.2V	最大电压变化：		
3	纹波特性	空载或满载，交流 190～240V，纹波小于 5mA	最大纹波电压：		
4	交流电源损耗	空载小于 40mV　　满载小于 150mA	空载：　　mA 满载：　　mA		

4）测量在输入 220V、输出 10V 满载情况下的各半导体三极管各脚电位值。填入表 5-5 中。

表 5-5　　　　　　　　　稳压电源半导体三极管脚电位测量值

元 件 各脚电位	VT2 管子型号	VT3 管子型号	VT4 管子型号
U_e			
U_b			
U_c			

5.2.4　习题及故障处理

（1）当电源电路刚组装好之后，而其他电路未安装，这时，测试电源电路，当采用镊子将 POWER 开关处电路短路后，为什么在 C_{31} 上测得的输出电压缓下降？

（2）试分析电源（POWER）开关闭合后，电源电路的关闭过程。问：电源开关闭合时 VD1～VD4 与 C_{29} 是否处于工作状态？行扫描电路是否获得供电？多少伏？

（3）如果 VD1～VD4 中的一个整流二极管开路，对电路将产生什么样的影响？试画出整流波形。

（4）如果 VD5 二极管开路，试分析电路状况，可以输出正常电压吗？

（5）如果 VZ1 遭击穿而短路，试分析电路状况，可以输出正常电压吗？为什么？

（6）现有一位学生的电路，测得输出电压偏高，这时测得 VT4 的射极电压为 0V，调节 VT4 无改变，经测试，稳压二极管是完好的，试分析：哪一个元件出故障，什么故障？

5.3　高频调谐电路部分

5.3.1　高频调谐电路介绍

K—007 小电视机的调谐器采用微型全频道电子调谐器 AMT（奥美特）ET‑4F‑RB。ET‑4F‑RB 调谐器的体积略小于火柴盒，外形尺寸 47mm×40mm×11mm。内部电路方框图如图 5-4 所示。各引脚功能及实测数据如表 5-6 所列。该调谐器包括 UHF（特高频）及 VHF（甚高频）调谐器两部分。在接收 U 频段时，V 频段中的混频级作第一级中放（此时 VHF 的本振电路停振）。接收频道由外接频段控制电压内部电子开关进行转换。拨频段开关 SW 使调谐器（3）、（5）、（6）脚依次接 9V 电源时，整机将分别处于 UHF（13～57 频道）、VHF‑H（6～12 频道）、VHF‑L（1～5 频道）频段接收状态。

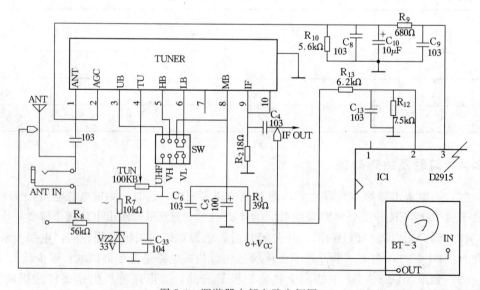

图 5-4　调谐器内部电路方框图

表 5-6   **ET－4F－RB 电子调频器各引脚工作电压及在路电阻值**

引脚号	字母符号	作　用	工作电压（V）			在路电阻（kΩ）	
			VHF－L 频段	VHF－H 频段	UHF 频段	红笔测量黑笔接地	黑笔测量红笔接地
1	ANT	天线接收信号输入	0	0	0	∞	∞
2	AGC	高放 AGC 电压输入端	1.5	1.5	1.5	2.5	2.5
3	BU	UHF 频段电压输入端	0.1	0.1	9	1	1
4	VT	调谐电压输入端	0.2～32	0.2～32	0.2～32	17.5	85
5	BH	VHF－F 频段电压输入端	0	9	0	32	13
6	BL	VHF－L 频段电压输入端	9	8.2	0.1	11	18
7	AFT	自动频率微调	—	—	—		
8	MB	调谐器供电电压输入端	9	9	9	1	1
9	IF	中频信号输出端（外壳接地）	0	0	0	0	0
10		空端子					

调谐器所需的调谐电压由④脚输入，该电压是将行输出变压器 FBT⑦脚输出的逆程脉冲经 VD14 整流、C_{56} 滤波后，由 R_8、VZ2 稳压成 33V，再经电阻 R_7、TUN 分压后得到的，调节 WTUN 就会使 TU 电压发生变化，以此来进行频道选择（选台）。高放 AGC 控制电压从③脚输出，经 C_9、R_9、R_{10}、C_8 至调谐器的②脚，电压范围为 4.0～8.8V，AGC 控制能力达 42dB。

天线信号经 C_1 耦合进入调谐器①脚。中频信号从⑨脚输出经由 C_4 耦合到前置中放电路。

5.3.2　组装

1. 实训目的和要求

了解电视机电调谐电路组成、特点和工作过程；熟悉各高频调谐的外围管脚及其电路的作用及安装和工艺要求；掌握高频调谐器电路装接操作技能。

2. 实训器材准备

（1）常用工具：电烙铁、镊子、斜口钳、螺丝刀（一字和十字）。

（2）仪表：万用表（MF47 型）。

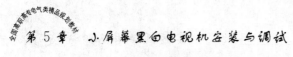
（3）元器件：见元器件明细表 5-7。

表 5-7　　　　　　　　　　　　　元　器　件　明　细　表

元件名称	位　号	规格型号	作　用
高频电路部分			
高频调谐器	TDQ	TDQ-04-DK	选台、差频
闭路插座			闭路信号输入接口
天线插座	ANT	二芯	天线接收信号输入
碳膜电阻	R_2	18Ω	IF 中频信号输出
瓷介电容	C_8 旁	103	高频输入耦合电容
瓷介电容	C_4	103	高频输出耦合电容
调谐器外围及供电电路			
碳膜电阻	R_1	39Ω	高频调谐器供电电阻
瓷介电容	C_6	103	高频旁路电容
电解电容	C_5	100μF/16V	低频旁路电容
波段开关	SW	U-H-L	切换调谐器工作频段
调谐电位器	TUN	100kΩ	调整调谐电压 0～29.7V，即选台
碳膜电阻	R_7	10kΩ	调谐电压分压电阻
瓷介电容	C_{33}	104	滤波电容
稳压二极管	VZ2	33V（IN5357）	33V 稳压
碳膜电阻	R_8	56kΩ	限流稳压调节电阻
跳线	J7	10mm	连接 W1 与高频头的（4）脚
高放 AGC 外围电路			
瓷介电容	C_9	103	高频滤波电容
碳膜电阻	R_{10}	5.6kΩ	分压电阻
碳膜电阻	R_9	680Ω	分压电阻
电解电容	C_{10}	10μF/16V	低频滤波电容
瓷介电容	C_8	103	高频滤波电容
瓷介电容	C_{13}	103	高频滤波电容
碳膜电阻	R_{12}	7.5kΩ	
碳膜电阻	R_{13}	5.6kΩ	

3. 工艺要求

参照 5.9 总装工艺部分。

4. 实训内容

高频调谐电路的装接。熟悉高频电路相关知识，按工艺要求进行 K—007 型电视机高频调谐电路装接。在操作训练中，逐步掌握高频电路技能。装接的工艺要求可参照装接工艺进行。

按元件清单，将高频调谐器电路的元器件装接好。装接时应注意高频头的装接方向。装接完成后按表 5-8，对整个电路的特性进行全面的测试。测试项目包括工作电压和在路电阻。

（1）在路电压的测量。将波段开关置于 VHF - L 频段，用万用表测各个引脚的电平，对所测的电平进行记录。将波段开关置于 VHF - H、UHF 频段，用同上的方法测试高频头各引脚电平。

（2）在路电阻的测量。关闭电源，采用万用表 R×1k 挡测各引脚的在路电阻。分别采用红笔测量、黑笔接地和黑笔测量、红笔接地两种方法进行测量。数据填入表 5-8。

表 5-8 　　　　　　　　　安 装 测 试 记 录 表

引脚号	字母符号	作　　用	工作电压（V）			在路电阻（kΩ）	
			VHF - L 频段	VHF - H 频段	UHF 频段	红笔测量 黑笔接地	黑笔测量 红笔接地
1	ANT	天线接收信号输入					
2	AGC	高放 AGC 电压输入					
3	BU	UHF 频段电压输入					
4	VT	调谐电压输入					
5	BH	VHF - F 频段电压输入					
6	BL	VHF - L 频段电压输入					
7	AFT	自动频率微调					
8	MB	调谐器供电电压输入					
9	IF	中频信号输出端（外壳接地）					
10		空端子					

5.3.3　通用调测

1. 实训目的和要求

熟悉黑白电视机的高频调谐电路的调试方法和工艺要求。掌握高频调谐器电路调谐的操作技能。

2. 实训器材准备

（1）工具：万用表。

（2）仪器：BT - 3 扫频仪。

3. 测试电路

测试电路连接图见电路如图 5-5 所示。

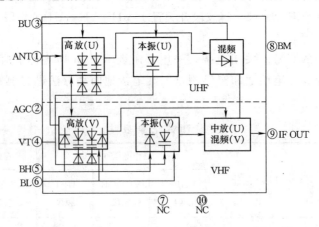

图 5-5　高频头内部框图

4. 测试指标及测试方法

（1）主要技术要求：

1）频率范围：VHF - L、VHF - H、UHF 频段频率调谐范围。

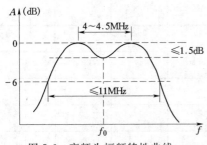

图 5-6　高频头幅频特性曲线

2）图像中频载频为：38MHz，伴音中频载频为：31.5MHz。

3）功率增益：不小于 20dB，各频道增益差小于 10dB。

4）AGC 控制电压：控制范围不小于 20dB。

5）高频头频率特性曲线，见图 5-6。

（2）测试方法。

140

1）将 BT－3 输出衰减至约 30dB，调 AGC 电压为 3V，高频头供电电压为 11.5V。

2）按高频头所置频道，调 BT－3 输出的扫描信号频率，使屏幕出现如图 5-6 所示的波形。

3）微调 AGC 电压，使屏幕曲线幅度达到最大值后刚刚下降，这时的 AGC 电压为 AGC 起控电压，它应在（3±0.25V）范围内。

4）调整高频头的 VT 电压，使各频道曲线符合所示波形，增益不小于 20dB，各频道增益差小于 10dB。记录各频段的最低频率、最高频率、最低增益、最高增益。

5）将 BT－3 输出衰减小于 20dB，调 AGC 电压，使曲线恢复到原来的幅度，这时 AGC 电压应小于 4.8V。

（3）测试数据记录表：见表 5-9。

表 5-9　　　　　　　　　　高 频 头 测 试 数 据

序号	测 试 项 目		VHF－L 频段	VHF－H 频段	UHF 频段
1	功率增益（dB）	最大值			
		最小值			
2	调谐频率（MHz）	最高频率			
		最低频率			
3	AGC 电压（V）				
4	高频头特性曲线（选放大倍数最高处的曲线）				

5.3.4　习题及故障处理

（1）高频调谐器由哪几部分电路组成？简述各部分作用。

（2）根据所测的数据和波形，试分析高频调谐器的性能好坏。

5.4　图 像 中 放 通 道 部 分

5.4.1　中放通道电路介绍

电路如图 5-7 所示。

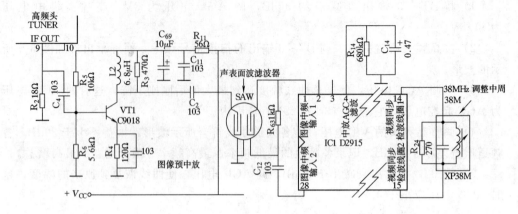

图 5-7 中放通道

1. 前置中放电路

电子调谐器⑨脚输出的 38MHz 的中频信号，经 C_4 加到前置中放管 VT1 基极进行放大。放大后的信号经 C_2 耦合送到声表面波滤波器进行选频。前置中放电路的作用是为了弥补声表面波滤波器的插入损耗。

2. 中放电路

声表面波滤波器输出的中频信号，通过匹配电阻 R_{63}，耦合电容 C_{12} 平衡地输入到 D2915 的①、㉘脚。D2915 内的中放电路由高增益宽带差分放大器组成，信号传输过程是：从①脚和㉘脚输入的中频信号（图像中频信号和第一伴音中频信号），经内部电路中的三极管直接耦合中频放大器放大后加到视频检波器（采用双差分模拟乘法器同步检波电路）。经检波器检出视频全电视信号和第二伴音中频信号加到预视放电路中放大，然后再经抗干扰电路由 D2915⑤脚输出。由⑤脚输出的信号同时送到三个电路（参见总图）：①经 AV/TV 开关、R_{48} 输入到视频放大输出级（VT8）；②经 C_{17} 耦合至陶瓷滤波器 Y1（6.5MHz），进出 6.5MHz 伴音中频信号并送回 D2915⑦脚进入内部伴音第二中频输入端；③经 C_{15}、R_{16} 送回 D2915⑥脚，至同步分离电路，其中 C_{16} 为高频旁路电容。

检波级的 LC 调谐回路连接在 D2915⑭、⑮脚间，38M 为调谐线圈，R_{24} 为其阻尼电阻。决定 AGC 时间常数的元件 R_{14}、C_{14} 接在 D2915 ④脚上。

5.4.2 组装

1. 实训目的和要求

了解电视机中放电路的组成、特点和工作过程；熟悉各元器件的作用及安装和焊接的工艺要求；掌握中放电路的装接操作技能。

2. 实训器材准备

（1）常用工具：电烙铁、镊子、斜口钳、螺丝刀（一字和十字）。

（2）仪表：万用表（MF47型）、扫频仪（BT-3）。

（3）元器件：见元器件明细表5-10。

表5-10　　　　　　　　　　元 器 件 明 细 表

元件名称	位　号	规格型号	作　用
中放电路			
放大管	VT1	C9018	放大38MHz中频信号
碳膜电阻	R_4	120Ω	阻抗
碳膜电阻	R_{11}	56Ω	分压式稳定工作点 直流偏置电阻
碳膜电阻	R_5	10kΩ	
碳膜电阻	R_6	5.6kΩ	
电解电容	C_{69}	10μF/16V	滤除电源低频干扰
瓷介电容	C_2	103	交流耦合电容
瓷介电容	与R_4并	103	交流旁路电容
瓷介电容	C_{11}	103	高频旁路电容
碳膜电阻	R_3	407Ω	VT1的集电极直流偏置电阻
色码电感	L_2	6.8μH	与SAWF配合调整滤波特性曲线
声表面波滤波器	SAWF	38MHz	形成中频滤波特性曲线
碳膜电阻	R_{63}	1kΩ	阻抗匹配电阻
瓷介电容	C_{12}	103	交流耦合电容
检波外围电路			
碳膜电阻	R_{24}	270Ω	阻尼电阻（扩大通频带）
电感器	38M	38M	38M谐振回路

元件名称	位 号	规格型号	作 用
中放 AGC 外围电路			
碳膜电阻	R_{14}	680kΩ	AGC 时间常数元件：电阻
电解电容	C_{14}	0.47μF/50V	AGC 时间常数元件：电感

3. 工艺要求

参照 5.9 总装工艺部分。

4. 实训内容

中频放大通道电路的装接。

认真熟悉线路图，按照工艺要求进行 K—007 型电视机中放通道装接。在操作训练中逐步掌握技能。装接工艺要求可参照装接工艺进行。

（1）D2915 集成块的测试与安装。集成块的好坏可分为电压测试和电阻测试。电压测试可分为有信号（动态）和无信号（静态）测试；电阻测试可分为在路电阻和开路电阻的测试。

由于集成块尚未安装在电路板上，所以我们可以对其进行开路电阻测试，测试方法如下：

红表笔接待测引脚、黑表笔接地：将万用表打到×100 或×1k 挡。把黑表笔接到集成块的㉗脚，用红表笔测 IC 的其他管脚的电阻，将所测的电阻记录下来，并与第 1 节的参数表中的数据进行比较判断。

黑表笔接待测引脚、红表笔接地：将万用表打到×100 或×1k 挡。把红表笔接到集成块的㉗脚，用黑表笔测 IC 的其他管脚的电阻，将所测的电阻记录下来，并与第 1 节的参数表中的数据进行比较判断。

把 IC 的缺口对准电路板所示的缺口处插入电路板，对该 IC 进行焊接，焊接时应注意先对角固定，然后对各脚进行焊接，注意防止出现集成块过热现象，以免损坏集成块。

（2）中放电路的安装。按照元件清单装接中放电路部分的元件。安装完成后，对 VT1（C9018）的直流工作点进行测试，记录下其直流工作点。用 BT-3 扫频仪测试的频率特性，将 C_4 的一脚接在 BT-3 的扫频输出端，C_{12} 的一脚接在 RT-3 的输入端，将测试的频率曲线画出，并测试其增益。

（3）检波外围电路安装。按照元件清单装接检波外围电路部分的元件。

（4）中放 AGC 外围电路的安装。按照元件清单装接 AGC 外围电路，安装完成后，将 C_{12} 的一脚接在 BT-3 的扫频输入端，D2915⑤脚接在 BT-3 输入端，将测得的频率曲线画出，并测试其增益。将以上数据填入表 5-11 中。

表 5-11　　　　　　　　　**装 接 测 试 记 录 表**

序　号	测 试 项 目	测 试 及 图 表
1	VT1 的直流工作点	集电极 C：＿ V　基极 B：＿ V　发射极 E：＿ V
2	预中放电路的增益	预中放电路的放大特性曲线，测得增益＿＿ dB
3	中放及检波电路的增益	中放及检波电路放大特性曲线，测得增益＿＿ V

5.4.3　通电调试

1. 实训目的和要求

熟悉黑白电视机的图像中放电路的调试方法和工艺要求。掌握中频电路调试的操作技能。

2. 实训器材准备

（1）工具：万用表。

（2）仪器：BT－3 扫频仪。

3. 测试电路

测试电路如图 5-8 所示。

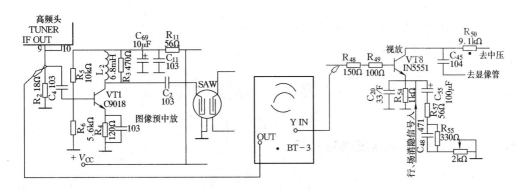

图 5-8　图像中放通道频率特性测试连接图

4. 测试指标及测试方法

（1）主要技术要求：

1）中放通道的中频增益不小于 60dB。

2）视频检波输出不小于 $(1～1.2V)V_{p-p}$。

3）中放 AGC 控制范围大于 40dB，高放延迟约 40dB。

4）中放通道频率特性曲线如图 5-9 所示。

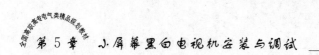
（2）测试方法：

1）按测试电路要求连接电路。

2）采用 BT－3 扫频仪测试中放通道，调节 38M 中周，记录中放通道的频率特性曲线。

3）按测量增益的方法用 BT－3 测试中放通道的增益。

4）用 PD5389 电视信号发生器，发出电视信号输入到 K—007 电视机天线端，用示波器接在 D2915⑤脚，测试其全电视信号的峰—峰值。测试数据填入表 5-12 中。

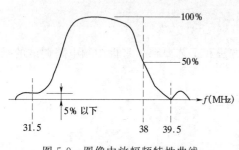

图 5-9　图像中放幅频特性曲线

表 5-12　测试数据记录表

序号	测试项目	测试及图表
1	中放通道的增益（dB）	
2	中放通道的频率特性曲线	
3	中放通道的峰—峰值（V）	全电视信号的波形峰—峰值：____ V

5.4.4　习题及故障处理

（1）图像中放电路对增益和幅频特性有何要求？

（2）视频检波器的作用是什么？简述其解调视频信号的原理。

5.5　行扫描电路与高压电路部分

5.5.1　扫描电路及高压电路介绍

电路如图 5-10 所示。

（1）KA2915 供电电路。从稳压电路提供的 10V 电源经 R_{47} 限流及降压至 8.8V 送至集成块⑯脚，C_{44} 为滤波电解电容，滤除夹杂在电源里的电源干扰纹波和减少冲击电压对集成电路的伤害。

（2）同步电路。在 KA2915 的内部，由同步分离级取出行、场同步脉冲，其中，场同步脉冲送到帧触发电路；行同步脉冲送到 AFC 电路，并与 KA2915㉒脚输入的行反馈中进行相位比较，比较后的误差控制信号从⑲脚输出，经 R_{44}、C_{68} 后，由⑱脚又进入 KA2915 集成块内部，控制着行振荡电路的振荡频率。

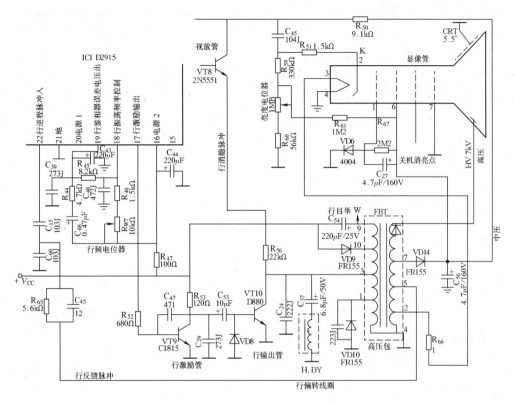

图 5-10　行扫描及高压电路

（3）扫描电路。行激励和行输出级由分立元件 VT9、VT10 等构成。这两级间采用电容耦合方式，省去了行线性调整元件。KA2915 内产生的行振荡信号从⑰脚输出经 R_{52} 加至 VT9 的基极，经放大后驱动行输出管 VT10，使其工作于开关状态，并输出行锯齿波供给行偏转线圈。

KA2915 的⑱脚外接行振荡器定时元件 R_{46}、R_{W7}、C_{40}，其中 R_{W7} 为行频调整电位器。VD10、C_{54} 为自举升压电路。

（4）中高压电路和显像管电路。行输出变压器的⑦脚输出电压经二极管 VD14 和 C_{56} 整流滤波后得到加速阳极 A1 的电压，再经 R_{61}、1MB、R_{60} 进行分压，得到阴极 K 的直流部分的分压。调节电位器 1MB 可调节阴极电压直流分量，既可调节电视机的亮度。

在显像管电路中，将聚焦 A7 接地。加速阳极接一个 2.2MΩ 的电阻到地，用以加速电压在关机后的电压泄放。显像管引脚名称及工作电压见表 5-13。

表 5-13   显像管引脚名称及工作电压

引脚号	名　称	工作电压	引脚号	名　称	工作电压
①、⑤	第一栅极	0V	⑦	聚焦极	550～1100V
②	阴极	0～154V	H	高压阳极	6～8kV
③、④	灯丝	6V（75mA）	C	管壁电容	100～400pF
⑥	加速极	250～400V			

5.5.2　组装

1. 实训的目的和要求

了解电视机行扫描电路的原理和工作过程；熟悉各元器件的作用及安装和焊接的工艺要求；掌握行扫描电路装接操作技能。

2. 实训器材准备

（1）常用工具：电烙铁、镊子、斜口钳、螺丝刀（一字和十字）。

（2）仪表：万用表（MF47型）、示波器。

（3）元器件：见元器件明细表 5-14。

表 5-14   元 器 件 明 细 表

元件名称	位号	规 格 型 号	作　　用
集成电路及供电部分			
集成块	IC1	D2915CP	同步分离、AFC、行振荡、行激励
碳膜电阻	R_{47}	100Ω	直流电源限流降压电阻
电解电容	C_{44}	220μF/16V	滤波，滤除直流电源中的干扰信号
跳线	J5	15mm	给 D2915 提供电源
AFC 行振荡部分			
碳膜电阻	R_{44}	4.7kΩ	直流反馈网络，控制行振
碳膜电阻	R_{45}	82kΩ	
碳膜电阻	R_{46}	15kΩ	
涤纶电容	C_{39}	273	滤波电容
涤纶电容	C_{40}	472	
电解电容	C_{68}	0.47μF/50V	
电位器	R_{W7}	10kΩ	行振荡输出频率调节电位器

续表

元件名称	位号	规格型号	作　用
行激励级			
碳膜电阻	R_{52}	680Ω	耦合电阻
碳膜电阻	R_{53}	120Ω	直流偏置电阻
瓷介电容	C_{47}	471	高频振荡阻尼电容，用以抑制行推动级的高频振荡和防止辐射
瓷介电容	C_{29}	273	高频负反馈电容，用以抵消高频信号相移，防止调频振荡
三极管	VT9	C1815	行激励级放大管
跳线	J4	10mm	连接行激励级与行推动级
行输出级			
电解电容	C_{53}	10μF/16V	交流耦合电容
二极管	VD8	IN4148	
三极管	VT10	D326	推动级放大管
高压包	FBT		高压电路
偏转线圈	H.DY		行偏转
电解电容	C_{37}	6.8μF/50V	S校正电容，纠正延伸性失真
涤纶电容	C_{24}	222	逆程电容
涤纶电容	无位号	223	逆程电容
二极管	VD10	FR157	阻尼二极管
针座	A1	4P	行场偏转线圈连接插座
排线		4芯13cm一端带插头	
高中压电路			
电路板	PCB	小块印刷电路板	连接显像管电路
针座	A1	4P	显像管电路连接插座
排线		4芯13cm一端带插头	显像管电路板与主板连接排线
二极管	VD14	FR157	中压整流二极管
电解电容	C_{56}	4.7μF/160V	中压滤波电容
碳膜电阻	R_{51}	1.5kΩ	阴极信号耦合电阻
碳膜电阻	R_{59}	330kΩ	阴极直流电压供电电阻
碳膜电阻	R_{60}	56kΩ	阴极电压供电分压电阻
电位器		1MΩ	亮度电位器（分压电位器）
碳膜电阻	R_{61}	1M2	阴极电压供电分压电阻
跳线	R_{66}	1Ω	显像管灯丝供电电路
显像管供电电路			
碳膜电阻	R_{67}	2.2MΩ	
跳线	J6	5mm	

3. 工艺要求

工艺要求可参照 5.9 有关内容。

4. 实训内容

行振荡电路，行输出电路，高压电路及显像管电路的组装。认真熟悉工艺要求进行 K—007 型电视机行扫描电路和显像管电路的装接。在操作训练中，逐步掌握技能。装接的工艺要求可参照装接工艺进行。

（1）行振荡电路的装接。先选取集成块供电电路及行振荡电路部分的元件部分检测（从开始到 C_{44}），然后根据电路图及电路板上的元件位置进行装焊，焊好后，先测试一个管脚⑯脚的电压，填入安装测试表中，用示波器观察⑰脚的输出波形。

（2）行激励级电路的装接。按元件清单上所给出的元件，根据电路图及电路板上的元件位置进行焊接，然后再测试 D2915⑰脚的波形，以及 VT9 的集电极上的波形，波形发生了什么变化，做好记录。安装完成后，通电测试 VT9 上的直流电压，并做好记录。

（3）行输出级电路的装接。按元件清单上所给出的元件，根据电路图及电路板上的元件位置进行焊接。

行场偏转线圈的安装：先在主板上装上 A14 芯插座，注意插座朝向。用万用表测试行场偏转线圈，将数据记录下来（安装测试表），一般行偏转线圈的电阻较小，然后将四芯带插头排线焊接在偏转线圈上（注意：行场偏转线圈的关系及极性）。

装接完成后，用示波器测试 VT10 的集电极电压波形，并记录。

（4）高中压电路的组装。先在主板上焊上 4 芯插座，便于今后对所得电压的测量。

焊接二极管 VD14、电容 C_{54}，测试 4 芯插座上标记有 6 字样的管脚的电平（阳极 A1 电平），将所测值记录到安装测试表 5-15 中。

接着焊接 R_{51}、R_{59}、R_{60}、R_{W9} 和 R_{61}，焊接完成后，测量 4 芯插座上标记有 2 字样的管脚电位（阴极 K 电位），调节 R_{W9}，记录最高和最低电平的数值。

在 R_{66} 上焊上跳线，用万用表交流挡测试 4 芯插座上标记有 3 字样的管脚的电压（灯丝供电交流电压 6V），测试数据填入表 5-15。

（5）显像管电路的组装。在电路板上取下小板，焊上显像管管脚插座和电阻 R_{67}，将 VD6 短路，并焊上 4 芯排线，注意与主板上的插座的引线要一一对应，最后焊上地线。

取来机壳前盖板，按总装要求（见总装工艺部分）固定显像管，组装时，应注意显像管的朝向，不要漏装接地爪和地线。

表 5-15　　　　　　　　　　　　安 装 测 试 记 录 表

序号	测试项目	标　　准	实测值
1	集成块供电压（16）	直流电压 8.8V	V
2	AFC 输出电压（19）	直流电压 4.9V	V
3	行振荡控制电压（18）	直流电压 4.9V	V
4	行振荡输出波形	行振荡输出波形 波形名称：　　电压：　　V　　周期：　　μs 占空比：	
5	接入激励极后的波形	D2915⑰脚的输出波形　　　VT9 的集电极波形	
6	VT9 三极管管脚电压	基极：＿＿ V　　集电极：＿＿ V　　发射极：＿＿ V	
7	偏转线圈	靠中心位置调节器一组的电阻：＿＿ Ω 偏转线圈：＿＿　　另一组线圈的电阻：＿＿ Ω　　偏转线圈：＿＿	
8	行输出管电压波形	行输出管的电压波形 峰峰值电压：　　U_{P-P}	
9	行输出管的直流电压	基极：＿＿ V 集电极：＿＿ V　　发射极：＿＿ V	
10	阳极 A1 电位	电压值：＿＿ V	
11	阴极 K 电位	最低：＿＿ V　　最高：＿＿ V	
12	灯丝电压	交流电压：＿＿ V	
13	显像管显示情况	□有亮线　　　　□无亮线	

　　将偏转线圈套入显像管管颈，调节偏转线圈方向，轻轻旋紧固定螺栓。

　　现在，插入显像管管座，连接管座排线和偏转线圈排线，接入高压包高压线。将显像管的阴极 K 电压调高，开机试验。逐步调低阴极 K 电压，看一下显像管是否出现一条水平亮线，如有一条水平亮线则行电路装接成功。

5.5.3　通电调试

　　1. 实训目的和要求

　　熟悉电视机行扫描电路的电路指标及测试方法，掌握测试的操作技能。

　　2. 实训器材准备

　　（1）工具：万用表。

　　（2）仪器：示波器、高压电测试仪。

　　3. 测试电路

　　测试电路见图 5-10。

4. 测试指标及测试方法

（1）主要技术要求。

1）各关键点的波形。D2915 行振荡器⑰脚的输出波形、VT9 的集电极（行激励级）输出波形、VT10 的集电极（行输出级）输出电压波形。

2）行扫描电路总电流不大于 575mA。

3）显像管加速阳极电压约 120V，高压阳极电压 12kV。

（2）测试方法。

1）用万用表电流挡测量行扫描电路总电流，可将万用表串入支路中（J5 跳线断开），再串入 R_{42} 支路中，两次测得的电流和为行扫描电路总电流。集成块电路的电流很小，可忽略。

2）用示波器串入各支路查看各关键点波形。

3）用万用表直流挡测量显像管各阳极电压。在测高压阳极电压时，需用高压测量表。

（3）测试数据及波形记录表见表 5-16。

表 5-16　　　　　　　　　　　测试数据及波形记录表

序号	测 试 项 目	标　准	实 测 值
1	行扫描电路总电流	575mA	mA
2	D2915 场振荡器⑰脚的输出波形		
3	VT9 的集电极（行激励级）输出波形		
4	VT10 的集电极（行输出级）输出电压波形		
5	阳极 A1 电压	120V	V
6	阴极 K 电压		V
7	高压阳极电压		

5.5.4　习题及故障处理

（1）当行振荡级在接激励级前后的波形产生了变化，幅度也变小了，试分析这种变化产生的原因？经过 VT9 后又变为了方波，但上升与下降沿都发生了变化，这种现象是好还是坏，为什么？

（2）行扫描电路由哪几部分组成？各部分电路的作用是什么？

（3）行逆程电容的大小对高压及行幅有什么影响？

（4）为什么要采用自举升压型输出电路？简述自举升压原理。

（5）一同学组装的电视机行扫描部分，完成后无光栅，经测试阴极 K 的电压和

A1 阳极的电压均正常，高压包②脚输出的交流 8V 也正常，请问：故障出在什么部位，如何检测？

5.6 扫 描 电 路 部 分

5.6.1 场扫描电路介绍

电路如图 5-11 所示。

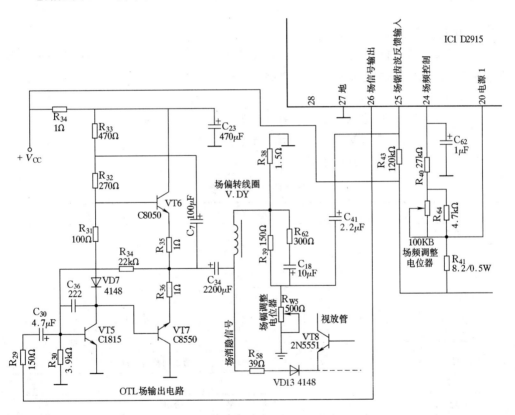

图 5-11 场扫描电路

图中 D2915㉖脚输出的信号是经过放大的场扫描信号，该信号经 R_{29}、C_{30} 至 VT5 的基极。场扫描级由 VT5、VT6、VT7 为主的分立元器件构成，系典型的 OTL 功率放大电路。

OTL 功率放大原理（详细分析见"低频电子电路或电视机原理伴音通道音频放

大电路"）电阻 R_{35}、R_{36} 的连接点为功放输出端（中点），输出信号经 C_{34} 电容耦合至场偏转线圈。与场偏转相连的 R_{39}、R_{38}、R_{w5} 为电流负反馈取样元件，反馈信号经 C_{41} 加到 D2915㉕脚，进行线性补偿。R_{w5} 为场线性和场幅度调整电位器，调整其值的大小，可改变负反馈量的大小（还进行场线性调整）。负反馈量的大小会影响场锯齿波信号幅度的大小，因此，又会同时改变场幅。

D2915 的㉔脚外接场振荡定时元件 C_{62}、R_{64}^*、R_{40}、100kΩ。场振荡电路采用施密特振荡器，改变㉔脚外电路中 100kΩ 的阻值，就可以改变场振荡的频率。

5.6.2 组装

1. 实训目的和要求

了解电视机场扫描电路的组成、特点和工作过程；熟悉各元器件的作用及安装和焊接的工艺要求；掌握电视机场扫描电路装接操作技能。

2. 实训器材准备

（1）常用工具：电烙铁、镊子、斜口钳、螺丝刀（一字和十字）。

（2）仪表：万用表（MF47 型），示波器。

（3）元器件：见元器件明细表 5-17。

表 5-17　　　　　　　　　　　　元 器 件 明 细 表

元件名称	位　号	规格型号	作　　用
施密特场振荡外围电路			
碳膜电阻	R_{41}	8.2Ω	场振荡供电线流电阻
电解电容	C_{43}	220μF/16V	交流旁路电容
电解电容	C_{62}	1μF/50V	施密特触发器时间常数电容
碳膜电阻	R_{40}	27kΩ	施密特触发器时间常数电阻
碳膜电阻	R_{64}	（47kΩ）已取消	施密特触发器时间常数电阻
电位器		100kΩ	场频调整电位器
场推动电路			
电解电容	C_{30}	4.7μF/16V	耦合电容
碳膜电阻	R_{29}	150Ω	匹配电阻
碳膜电阻	R_{30}	3.9kΩ	直流偏置电阻
碳膜电阻	R_{34}	22kΩ	直流偏置电阻
涤纶电容	C_{36}	222	交流负反馈耦合电阻
三极管	VT5	C1815	场推动管

续表

元件名称	位 号	规格型号	作 用
场输出极电路			
碳膜电阻	R_{34}	1Ω	电源限流电阻
电解电容	C_{23}	$470\mu F/16V$	交流旁路电容
跳线	C_{12} 旁	$10mm$	连接两边地线，减少分布参数
二极管	VD7	IN4148	基极直流偏置二极管
碳膜电阻	R_{31}	100Ω	直流偏置电阻
碳膜电阻	R_{32}	270Ω	直流偏置电阻
碳膜电阻	R_{35}	1Ω	集电极电阻
碳膜电阻	R_{36}	1Ω	集电极电阻
碳膜电阻	R_{33}	470Ω	自举电路隔离电阻
电解电容	C_7	$100\mu F/16V$	自举电路升压电容
电解电容	C_{34}	$2200\mu F/10V$	场扫描输出耦合电容
偏转线圈	V. DY		场偏转
碳膜电阻	R_{38}	1.5Ω	负反馈取样分压电阻
碳膜电阻	R_{39}	150Ω	负反馈取样分压电阻
电位器	R_{W5}	500Ω	负反馈取样电位器
电解电容	C_{41}	$2.2\mu F/50V$	负反馈耦合电容
碳膜电阻	R_{43}	$120k\Omega$	
三极管	VT6	C8050	场输出级对管
三极管	VT7	C8550	

3. 工艺要求

参照 5.9 总装工艺部分。

4. 实训内容

场扫描电路的装接。认真熟悉线路图，按照工艺要求进行 K-007 型电视机场扫描电路装接。在操作训练中，逐步掌握技能。装接的工艺要求可参照装接工艺进行。

（1）场振荡电路的装接。按元件清单，将场振荡施密特触发器外围时间常数电阻、电容焊接好，同时不要忘记焊接场振荡电路的供电电阻和旁路电容，否则电路将无法起振。然后，插上电源，用示波器观察集成块 D2915 ㉖ 脚的波形，看是否有 18.4ms 的方波；1.6ms 的方波。调整 R_{W6} 场频电位器，观察波形周期是否在 20ms 左右可调。如调不到 20ms 左右，可改变 R_{40} 的电阻阻值由 $27k\Omega$ 改为 $22k\Omega$，则振荡周期可改变到有效范围内。

（2）场输出电路的安装。按元件清单，将场激励和场输出电路的元器件装接好。在装接中应注意在焊接三极管 C1518、C8050 和 C8550 的过程中，注意管脚不能过热，以防损坏三极管。

安装完成后，调节 R_{W5} 使在场偏转线圈上出现所要求的波形，然后测各关键点的波形。

（3）安装测试记录表：测试表见表 5-18、表 5-19。

表 5-18　　　　　　　　　　场扫描电路半导体三极管各脚电位测试值

元件　　　　各脚电位	VT5 管子型号	VT6 管子型号	VT7 管子型号
U_e			
U_b			
U_c			

表 5-19　　　　　　　　　　　　场电路波形测试记录表

序　号	测试项目	标　准	实测值
1	集成块㉑脚供电电压	直流电压：11.5V	V
2	场振荡输出波形 IC㉖脚	波形名称：　　电压：　　V 周期最大：　　ms　　周期最小：　　ms	
3	场偏转线圈上的波形	测试波形	
4	场激励级 VT5（C 极）上波形	测试波形	
5	场振荡 IC㉕脚负反馈直流电平和波形	IC㉕脚直流电平：　　V 负反馈波形	

5.6.3　通电调测

1. 实训目的和要求

熟悉电视机场扫描电路的电路指标及测试方法。掌握场扫描测试的操作技能。

2. 实训器材准备

（1）工具：万用表。

（2）仪器：示波器、高压电测试仪。

3. 测试电路

测试电路，见附图 3 的总电路图。

4.测试指标及测试方法

主要技术要求：

（1）用万用表电流挡测量场扫描电路总电流，可将万用表串入（R_{34} 电阻断开）支路中测电流，测得的电流为场扫描电路电流。

（2）用脉冲示波器并入各关键点查看其波形，并绘制波形图。

5.6.4 习题及故障处理

（1）场扫描电路由哪几部分组成？各部分的主要作用是什么？

（2）D2915 场扫描电路，其输出信号的周期比 20ms 要大，如何解决这一问题？试叙述其原理。

5.7 视放通道部分

5.7.1 视放电路介绍

电路如图 5-12 所示。

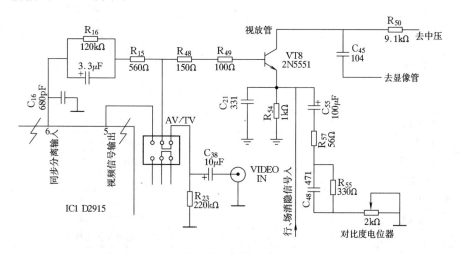

图 5-12 视放电路

视放电路由 VT8 为主构成。对比度调整电路就设置在该级，它由 R_{57}、2KB、R_{55}、C_{48}、C_{55} 等构成，是通过调节视放管的负反馈量，控制视放增益来完成的。行、场消隐信号也是从 VT8 的发射极加入的。以消除行扫描逆程的回扫线。其中：行消隐信号取自行输出管 VT10 的集电极，经 R_{56} 加至 VT8 发射极；场消隐信号取自场

输出耦合电容 C_{34} 的负极处，经 R_{58}、VD13 加至 VT8 的发射极（参见总图）。

视放级电源取自行输出变压器高压线圈 FBT 的⑦脚经 VD14、R_{49} 限流电阻加到 VT8 的基极。而 VT8 的基极电位由⑥脚先后经 R_{16}、R_{15}、R_{48}、R_{49} 到 VT8 的基极提供。

5.7.2　组装

1. 实训目的和要求

了解电视机视放通道的组成、特点和工作过程；熟悉各元器件的作用及安装和焊接的工艺要求；掌握视放电路装接操作技能。

2. 实训器材准备

(1) 常用工具：电烙铁、镊子、斜口钳、螺丝刀（一字和十字）。

(2) 仪表：万用表（MF47 型）、BT－3 扫频仪、示波器。

(3) 元器件：见元器件明细表 5-20。

表 5-20　　　　　　　　　元 器 件 明 细 表

元件名称	位　号	规 格 型 号	作　　　　用
视频放大电路			
碳膜电阻	R_{48}	150Ω	VT8 基极直流耦合电阻
碳膜电阻	R_{49}	100Ω	VT8 基极直流耦合电阻
三极管	VT8	2N5551	视频放大管
碳膜电阻	R_{50}	9.1kΩ	VT8 集电极直流耦合电阻
涤纶电容	C_{45}	104	交流耦合输出电容
电解电容	C_5	100μF/16V	耦合电容
碳膜电阻	R_{55}	330Ω	高频补偿电路电阻
电位器		2kΩ	对比度调节电位器
碳膜电阻	R_{54}	1kΩ	VT8 发射极直流偏置电阻
瓷介电容	C_{20}	330pF	高频特性调整电容
行场消隐电路			
碳膜电阻	R_{58}	39Ω	场逆程脉冲引入电阻
二极管	VD13	IN4148	场逆程脉冲引入二极管
碳膜电阻	R_{56}	22kΩ	行逆程脉冲引入电阻
跳线	J2	10mm	行逆程脉冲引入跳线
同步分离输入回路与 VT8 基极供电电路			
碳膜电阻	R_{16}	120kΩ	同步分离输入高频补偿电路
电解电容	无位号	3.3μF/50V	同步分离输入高频补偿电路
碳膜电阻	R_{15}	560Ω	耦合电阻

续表

元件名称	位 号	规格型号	作 用
视频输入电路			
AV 插座	VIN		视频输入插座
电解电容	C_{38}	$10\mu F/16V$	视频信号耦合电容
碳膜电阻	R_{23}	$220k\Omega$	阻抗匹配电阻
开关	AV/TV	二位二刀自锁开关	AV/TV 切换开关

3. 工艺要求

参照 5.9 总装工艺部分。

4. 实训内容

认真熟悉线路图，按工艺要求进行 K—007 型电视机视放电路装接。在操作训练中，逐步掌握技能。装接的工艺要求可参照装接工艺进行。

（1）视放电路的安装：按元器件清单、线路图及工艺要求焊接好元器件，焊接完成后，测三极管 VT8 的直流电位和视频输入的频响特性，并做好记录。注意 VT8 基极供电电路的装接（即同步分离输入电路）。

（2）做好测量后，再接入行、场消隐电路。可用示波器观察消隐电路的波形，测试 VT8 集电极输出的全电视信号的峰—峰值。

（3）测试数据及波形记录表见表 5-21。

表 5-21　　　　　视放电路测试数据及波形记录表

序 号	测 试 项 目	测 试 参 数 及 波 形
1	VT8 直流电位	集电极 C：＿＿V　　发射极 E：＿＿V　　基极 B：＿＿V
2	视频放大电路的频率特性曲线	
3	行、场消隐波形	

5.7.3　通电调试

1. 实训目的和要求

熟悉黑白电视机的视频放大电路的调试方法和工艺要求、掌握视频放大电路的调试操作技能。

2. 实训器材准备

（1）工具：万用表。

（2）仪器：BT-3 扫频仪。

3. 测试电路

测试电路连接图如图 5-13 所示。

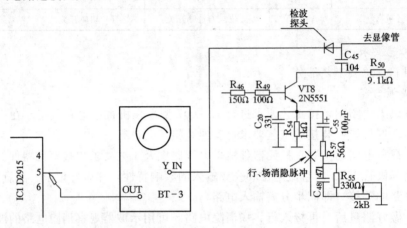

图 5-13　视放电路测试图

4. 指标及测试方法

（1）主要技术要求：

1）通频带 50Hz～5MHz。

2）增益 34～38dB。

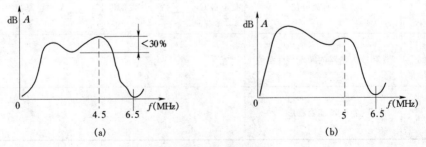

图 5-14　视放特性曲线

（a）对比度最小；（b）对比度最大

（2）测试方法。将 BT-3 扫频仪输出衰减置于 40dB 处，中心频率置于 3MHz，断开接到视放管发射极的行、场消隐脉冲，观察视放频率特性曲线应如图 5-14 所示。

5.7.4 习题及故障处理

（1）K—007 电视机出现行回扫线，请问有可能是什么元件损坏，为什么？

（2）分析出现上线性失真的原因。

5.8 伴 音 通 道 部 分

5.8.1 伴音通道介绍

电路如图 5-15 所示。

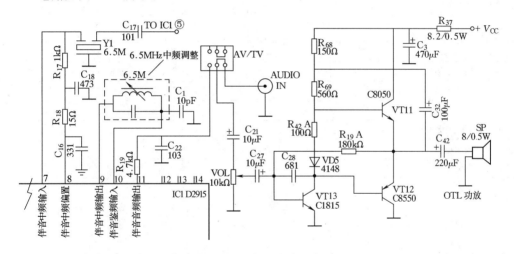

图 5-15　伴音通道电路

图像中频为 38MHz，伴音第一中频为 31.5MHz，利用视频检波器的非线性作用产生这两种中频的差频 6.5MHz，并由带通滤波器 Y1 选出成为第二伴音中频（6.5MHz 调频信号）。

伴音中放级和鉴频器在 D2915 内部，鉴频器的 LC 调谐回路连接在 D2915 的⑨、⑩脚间，音频信号从⑪脚输出，经 R_{19}、C_{20}、音量电位器 VOL，由 C_{28} 耦合到标准 OTL 放大电路。经 OTL 放大后的音频信号经 C_{42} 电容耦合至喇叭 SP。

5.8.2 组装

1. 实训目的和要求

了解电视机伴音电路组成、特点和工作过程；熟悉各元器件的作用及安装和焊接工艺要求：掌握伴音电路装接操作技能。

2. 实训器材准备

（1）常用工具：电烙铁、镊子、斜口钳、螺丝刀（一字和十字）。

（2）仪表：万用表（MF47 型）。

（3）元器件：见元器件明细表 5-22。

表 5-22   元 器 件 明 细 表

元件名称	位 号	规 格 型 号	作 用
耦合及滤波			
瓷介电容	C_{17}	101pF	将 K2915⑤脚输出的全电视信号耦合至 Y1
陶瓷滤波器	Y1	6.5MHz 带通滤波器	滤除图像信号对伴音信号的干扰
伴音中频放大偏置电路			
碳膜电阻	R_{17}	1kΩ	伴音中频放大偏置电路
碳膜电阻	R_{18}	15Ω	伴音中频放大偏置电路
涤纶电容	C_{18}	473J	伴音中频放大偏置电路
瓷介电容	C_{19}	331	伴音中频放大偏置电路
视频伴音电路及音量调节电路			
碳膜电阻	R_{19}	4.7kΩ	耦合电阻
电解电容	C_{20}	10μF/16V	耦合电容
瓷介电容	C_{22}	103	
自锁开关	AV/TV	两位两刀开关	视频、射频伴音切换开关
电位器	VOL	10k（VOL）	音量调节电位器
电解电容	C_{28}	10μF/16V	耦合电容
音频 OTL 及供电电路			
瓷介电容	C_{28}	681	
三极管	VT2	C1815	
碳膜电阻	R_{37}	8.2Ω	OTL 电源限流电阻
电解电容	C_3	470μF/16V	供电滤波电容
碳膜电阻	R_{68}	150Ω	自举电阻
电解电容	C_{32}	100μF/16V	自举电容
碳膜电阻	R_{69}	680Ω	直流偏置电阻
碳膜电阻	R_{42}	100Ω	直流偏置电阻
二极管	VD5	IN4148	VT13 直流偏置二极管
碳膜电阻	R_{19}	180kΩ	VT12 基极偏置
瓷介电容	C_{28}	681	激励级负反馈电容

元件名称	位 号	规格型号	作 用
音频 OTL 及供电电路			
三极管	VT11	C8050	功放管
三极管	VT12	C8550	功放管
电解电容	C_{42}	$220\mu F/16V$	功放耦合电容
喇叭	SP	8Ω 0.5W（内磁式）	输出伴音

3．工艺要求

参照 5.9 总装工艺部分。

4．实训内容

认真熟悉线路图，按工艺要求进行 K—007 型电视机伴音电路装接。在操作训练中，逐步掌握技能。装接工艺要求可参照装接工艺要求进行。

5.8.3 通电调测

1．实训目的和要求

熟悉黑白电视机的伴音电路的调试方法工艺要求。掌握伴音电路调试的操作技术。

2．实训器材准备

（1）工具：万用表。

（2）仪器：BT-3 扫频仪。

3．测试电路

测试电路连接图，如图 5-16 所示。

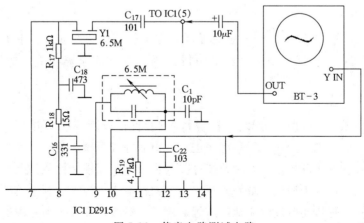

图 5-16 伴音电路测试电路

4. 指标及测试方法

（1）主要技术要求。

1）伴音调频信号载频 6.5MHz。

2）中放通频带 0.3MHz。

3）增益 50～60dB。

（2）测试方法。BT-3 的 Y 轴输入应用开
路电缆，扫频仪的频率置于 6～7MHz 之间，输
出衰减置于 30～40dB 之间，反复调节中周
6.5MHz，使 BT-3 显示曲线如图 5-17 所示。

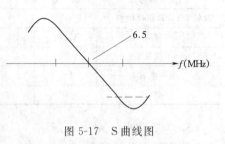

图 5-17　S 曲线图

注意："S" 曲线 0 轴的交叉点必须恰好落于 6.5MHz 处，并以横轴对称。由于 BT-
3 示波器部分有箝位作用，所以 S 曲线的负值会被部分切去可以借助于"影像极性"
开关转换，以视察其对称性。

5.9　总装工艺部分

5.9.1　准备阶段

工作内容：在准备阶段，检查所有的阻容元器件引脚，对氧化厉害的引脚要进行
处理上锡，以免虚焊。用万用表测各晶体管（三极管和二极管）。

5.9.2　焊接阶段

1. 工作内容

按焊接工艺要求进行操作，避免虚焊、假焊、错焊。尽量使焊接件排列整齐，
焊点光洁、美观。焊接工序是整机工序得以顺利进行的关键环节，所以必须高度
重视。

2. 焊接工艺要求

（1）焊接顺序：按照先低矮元件，后高脚元件；先跨接线、电阻、二极管、电
容，后三极管、中周、大功率管等次序进行；最后焊接行输出变压器及开关等。

（2）焊接元件排列规格：各种元器件排列尽量做到元件标称值朝上，或朝元器件
间隔大的方向，以便于调整、维修时观察。元器件应逐个插入印刷电路板上的相应插
孔，逐个焊接。焊接元器件时应杜绝虚焊、假焊、错焊、漏焊，不允许多个元件同时
焊接，并尽量使同类元件的高度基本一致。

5.9.3 分调阶段

1. 工作内容

将焊接无误、质量良好的各部分，用部分接通电源的办法分开进行调试，利用仪器、仪表观察，测试指定点的电压数值、波形或曲线，为整机调整作准备。在分调工作中，可以根据已学过的理论知识来指导实践，及时分析与处理分调中出现的技术问题。

2. 分调工艺

（1）分调次序一般为：+12V 稳压电源→图像中放幅频特性曲线→伴音中放 S 曲线→行场扫描波形调整→视放幅频特性曲线→伴音低放。

（2）分调中出现的故障处理：若在分调过程中发现电路有故障，千万不要紧张，不要随便怀疑或随意更换元器件，而要用学过的理论知识去分析产生故障的原因，借助于仪器、仪表来判断，然后逐个排除。否则，往往会增添人为的故障，而人为故障是较难排除的。待分调的故障全部排除后，才能进行下一步的工作。

5.9.4 整机联调阶段

1. 工作内容

接入显像管，调整偏转线圈在管颈上的安装位置和中心位置调节磁片，使图像的光栅满屏幕以及中心位置正确。然后，接收电视信号，适当调整行、场线性及幅度，使之应能满足观看要求。测试行、场同步范围能够满足要求，整机可交付使用，至此，整机装配调试就算结束。

2. 调整工艺

联调过程中的显像管接入，一定要小心进行。在联调过程中，若发现显像管有异常现象，应立即关掉整机交流电源，小心拔下管座，断开显像管电源，然后再细心地查找原因，排除故障后，再重新接上显像管。

注意：显像管的真空抽气尖嘴在管脚中间，如图 5-18 所示。由于抽气尖处的玻璃很薄，所以对它要特别小心，不可碰坏。一旦碰坏抽气尖，整个显像管将因漏气而报废。

显像管抽气尖示意图如图 5-18 所示。

5.9.5 说明

（1）本节提供的总装工艺及装接、调试内容和顺序仅供参考，具体操作必须根据实际情

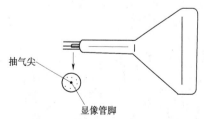

图 5-18　显像管抽气尖示意图

况在教师指导下进行。

（2）本节所提供的有关测试数据仅供参考，不能作为测试标准。由于提供的元器件批次不同，在实际装接操作中有可能测试的数据与本节提供的数据有差别，但只要差别不大，仍然属于正常值范围。

5.9.6　显像管装配附图

显像管装配图如图 5-19 所示。

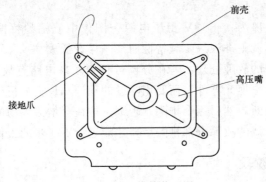

前壳

高压嘴

接地爪

图 5-19　显像管装配图

5.9.7　附图表

（1）电视机电路总图（见插页）。

（2）电视机材料清单（见附录 3）。

第6章

电子电路制作实训课题

本章列举 8 个电子电路制作实训课题，这些课题所选电路既新颖又实用，各电路所用元器件也很普及，市场上容易买到。浅显易懂地进行了电路原理分析，原理图、印制电路板设计，元器件选用，安装调试到故障分析检修。为提高学生们的电子电路制作水平和调试检修能力有很好的指导作用。

6.1　逻辑探笔和信号发生器的设计和制作

6.1.1　实训目的

（1）学会使用 EWB5.0c 电子电路仿真软件，能够用 EWB5.0c 软件仿真验证电路。

（2）学习用 Protel99se 软件设计印制电路板图。

（3）手工制作印制电路板，练习和掌握电子电路的手工焊接技术。

6.1.2　电路组成和工作原理

数字电路的低电平和高电平是有规定的电压范围，如 74LS 系列的 TTL 电路输入低电平的电压范围是 0～0.8V，输入高电平的电压范围是 2～5V；输出低电平电压范围是 0～0.5V，输出高电平的电压范围是 2.7～5V。在检查和调试数字电路时，只需要测试判断出逻辑状态，即是低电平还是高电平，或是高阻状态，而不必测量其电压值。所以使用逻辑探笔探测数字电路的逻辑电平比用万用表直观、方便。

在检修多级放大电路时，常常采用信号注入法检查和判断故障所在级。本信号发生器是矩形波产生电路，亦称为多谐振荡器。由于矩形波包含丰富的谐波成分，所以可以用来检修收音机和收录两用机的低放、中放、高放等电路。

逻辑探笔和信号发生器的电路如图 6-1 所示。

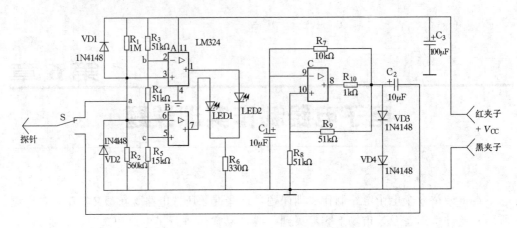

图 6-1　逻辑探笔和信号发生器电路图

运算放大器作为电压比较器，工作在非线性状态，A 和 B 两个运放组成逻辑探笔电路，C 运放组成矩形波产生电路。使用时，红色鳄鱼夹和黑色鳄鱼夹分别夹在被测（查）电路的电源正极和负极。被检查的放大电路电源电压不能高于 14V，若高于 14V，应通过三端集成稳压器降至 14V 以下后，才供给矩形波产生电路使用。探针通过开关 S 转换成逻辑探笔的输入，或是矩形波发生器的输出。

当作 TTL 电路的逻辑探笔使用时，若探针悬空，有 $U_a = 5 \times R_2/(R_1 + R_2) = 1.8V$，此时 $U_a < U_b$，$U_a > U_c$，A 运放和 B 运放都输出低电平，绿色发光二极管 LED1 和红色发光二极管 LED2 都不亮。当探针接测试点时，若测试点电压 $U_a < U_c$，则 B 运放输出高电平，绿色发光二极管 LED1 亮；若测试点电压 $U_a > U_b$，则 A 运放输出高电平，红色发光二极管 LED2 亮；若测试点是高阻状态，如同探针悬空，绿色发光二极管 LED1 和红色发光二极管 LED2 都不亮；如果测试点是频率很低的脉冲电压，则绿色发光二极管 LED1 和红色发光二极管 LED2 交替闪亮，如果测试点的脉冲电压频率较高，绿色发光二极管 LED1 和红色发光二极管 LED2 都亮，如果用一个三色变色发光二极管来代替 LED1 和 LED2，则三色变色发光二极管发橙色光。VD1 和 VD2 起保护运放的作用，VD3 和 VD4 起限幅作用。

矩形波产生电路在接通电源瞬间，若 $U_c = 0$，$U_o = 1.4V$，则运放 C 的同相输入端电压 $U_+ = 1.4V \times R_8/(R_8 + R_9)$，此时输出电压（$U_o \approx 1.4V$）通过 R_7 对电容 C_1 充电，使 U_c 由零逐渐上升。在 $U_c = U_- < U_+$ 时，输出电压 $U_o \approx 1.4V$ 保持不变。当电容 C_1 两端电压 $U_c = U_- \geqslant U_+ = 1.4V \times R_8/(R_8 + R_9)$ 时，输出电压 U_o 由 1.4V 下跳到约 0V，与此同时，同相输入端电压 U_+ 也下跳到约 0V。电容 C_1 通过 R_7 放

电，使 U_c 逐渐下降，在 $U_c = U_- > U_+$ 时，输出电压 $U_o \approx 0\text{V}$ 保持不变。当电容 C_1 两端电压 $U_c = U_- \leqslant U_+ \approx 0\text{V}$ 时，输出电压又上跳回约 1.4V，电容 C_1 再次充电，如此周而复始，产生振荡，输出周期性的矩形波。

6.1.3 实训内容及步骤

1. 仿真测试电路

逻辑探笔和信号发生器的 EWB5.0c 仿真电路如图 6-2 所示。

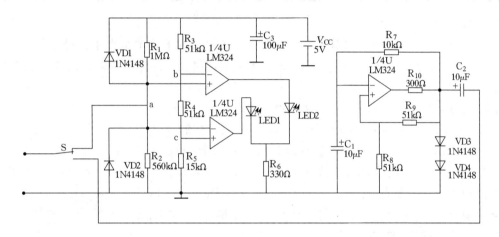

图 6-2 逻辑探笔和信号发生器仿真电路图

（1）打开 EWB5.0c 仿真软件，按图 6-1 连接电路，双击元件，标上元件标号和参数，将单电源四运放 LM324 的 "Positive voltage swing（VSW$_+$）" 值改成 5V，"Negative voltage swing（VSW$_-$）" 值改成 0V。硅二极管 1N4148 的管压降值设置为 0.7V。

（2）仿真测量输入为高阻时，a 点、b 点、c 点的电位（为避免产生测量误差，电压表的内阻改大些）；仿真测出电路 LED1 亮时的输入低电平的最大值和 LED2 亮时的输入高电平的最小值：

$U_a =$ ，$U_b =$ ，$U_c =$ ；$U_{\text{ILmax}} =$ ，$U_{\text{IHmin}} =$

（3）分别仿真测试高阻、输入低电平、输入高电平，以及输入幅值为 4V、频率约为 50Hz 方波时的发光二极管 LED1 和 LED2 状态，并填入表 6-1 中。

（4）用仿真的双踪示波器同时观察矩形波产生电路输出电压和电容 C_1 两端电压波形，调整有关电阻值，使矩形波频率约为 1kHz。仿真测量矩形波周期 T 和占空比 $D = T_1/T$，T_1 为脉冲宽度时间。

表6-1   发 光 二 极 管 的 状 态

输 入 状 态	发光二极管的状态	
	LED1（绿色）	LED2（红色）
高　阻		
$0V < U_I < U_{ILmax}$		
$U_{IHmin} < U_I < +5V$		
50Hz 的方波		

2. 生成网络表文件

仿真调试好电路后，单击"File"菜单，在弹出的下拉菜单组中选择单击"Export..."，在出现的对话框中，选择即将生成的网络表文件保存位置，以及确定网络表文件名，在"文件类型"下拉按钮中选择"protel（∗.NET）"，最后，按"保存"按钮，即生成 Protel99 所需的网络表文件。

3. 用 Protel99se 软件设计印制电路板图（PCB 图）

（1）启动 Protel99se 软件。双击 Protel99se 图标，打开 Protel99se 软件。

（2）创建设计数据库。在打开的 Protel99se 中，单击"File"菜单，在弹出的下拉菜单组中选择单击"New"，在调出的"New Design Database"对话框中确定文件名，单击"Browse..."按钮可以选择设计数据库存放的目录。最后单击"OK"按钮，完成创建设计数据库。

新数据库创建后处于打开状态，其包括一个设计组文件夹、回收站和一个"Documents"文件夹。

（3）创建新 PCB 文档。双击打开"Documents"文件夹，单击"File"菜单，在弹出的下拉菜单组中选择单击"New..."，在调出的"New Document"对话框中双击"PCB Document"图标。此时，新增名为"PCB1.PCB"的 PCB 文档，用户可以重命名新文档。

（4）设计电路的 PCB 图。双击 PCB 文档，打开 PCB 文档，进入 PCB 编辑窗口，设计 PCB 图。

1）规划电路板。单击"Design"菜单，在弹出的下拉菜单组中选择单击"Options"，在出现的文档选项对话框中选"Options"标签页，单击"Measurement Unit"右边的下拉式按钮，在下拉菜单中选择"Metric"作为计量单位，按"OK"按钮确定。单击编辑区下面的工作层标签上的"KepOut Layer"按钮，将禁止布线层设置为当前工作层。单击"Place"菜单，在弹出的下拉菜单组中选择单击"Track"，将十字光标移动到编辑区合适设置，单击鼠标左键，开始绘制电路板边框线。绘制完后，单击鼠标右键，退出此前的工作状态；查看印制电路板大小的方法：单击"Reports"菜单，在弹出的下拉菜单组中选择单击"Board Information..."，在出现的对话框中右边有一边框线示意图，所标注的数值就是实际印制电路板的大小。

2）加载元件封装库。将左边的设计管理器切换成为"Browse PCB"标签页界面。在"Browse"浏览栏下的组合编辑框中，单击右边的下拉按钮，从下拉列表中选择"Libraries"，单击"Add/Remove"按钮，在出现的调入库文件的对话框中，找到库文件 Generic Footprints 的安装目录（... \ Design Explorer 99SE \ Library \ pcb \ Generic Footprints），双击打开 Generic Footprints 文件夹，选择其中的"Advpcb"和"Miscellaneous"单击"Add"按钮调入，最后，单击"OK"按钮，之后所加载的库文件就会出现在"Libraries"栏列表中。

3）调入和加载网络表。单击"Documents"文件夹标签，回到打开的"Documents"文件夹。单击"File"菜单，在弹出的下拉菜单组中选择单击"Import..."，找到 EWB5.12 生成的网络表文件，按"打开"按钮，完成调入网络表文件。在加载的元件封装库中应该包括有网络表文件的元件封装形式。否则，需修改网络表文件的元件封装形式，或者创建并加载创建的元件封装库。双击打开调入的网络表文件，修改元件封装形式，以符合元器件的实际安装要求，并与加载的元件封装库中的元件封装形式一致。如将电阻的"AXIAL0.5"改成"AXIAL0.3"；将二极管的"DO-35"改成"DIODE0.4"；发光二极管的"LED100"改成"RAD0.1"；开关的"SPDT"改成"SIP3"；电解电容的"RB.3/.8"改成"RB.2/.4"；二极管管脚标号的"1"改成"A"，"2"改成"K"；各网络端点的字符向左紧靠。修改完毕，光标移至网络表文档标签，单击鼠标右键，关闭、保存网络表文件。单击 PCB 文档标签，回到打开的PCB 文档，单击"Design"菜单，在弹出的下拉菜单组中选择单击"Netlist"，在出现的对话框中单击"Browse..."按钮，在调出的网络表选择对话框中找到调入修改的网络表文件，选中该网络表文件，单击"OK"按钮后，系统将加载指定的网络表，若在加载网络表时没有出现错误信息，表示成功地加载了网络表，这时单击"Execute"按钮，系统将把网络表列出的所有元件放置到 PCB 文档编辑区。

4）手工布局和布线。鼠标左键单击元件，按住鼠标左键不放，将元件拖拉至电路板边框线内布置。光标移至元件上，按住鼠标左键，按动"空格"键一次，元件就旋转90°。双击元件，出现元件属性修改对话框，可修改元件的标号、封装、数值等。当用三色变色发光二极管代替 LED1 和 LED2 时，可以删除 LED1 和 LED2 封装元件，添加放置 SIP3 封装元件，三色变色发光二极管借用此 SIP3 封装。元件布置好后，单击编辑区下面的工作层标签上的"Bottom Layer"按钮，将底层设置为当前工作层，开始手工布线：单击"Place"菜单，在弹出的下拉菜单组中选择单击

"Track"，将十字光标移至电路板边框线内，单击后开始画线，单击鼠标右键可以退出此状态。双击添加放置的封装元件的管脚，选择其连接的"Net"的网络名称，布好线后，可采用整体编辑方式修改线条的宽度（约1mm）、焊盘的尺寸大小（外径约2.1mm）和通孔直径（0.8mm）等。参考的PCB图如图6-3所示。

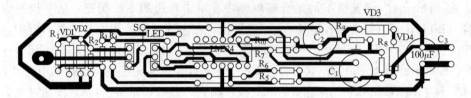

图 6-3　逻辑探笔和信号发生器的印制电路板图

4. 制作印制电路板

认真检查设计的PCB图是否与电路图一致，经检查无误后，通过喷墨打印机将PCB的底层图按1∶1比例打印到纸上。方法如下：执行菜单命令"File \ Setup Printer"，在所出现的打印设置对话框中，看到在实际安装的打印机型号后面有两个不同的选项，其中"Final"为分层打印，可以有选择地打印不同的板层。而"Composite"为多层叠印，可将所选择的板层叠在一起打印，多层叠印时，各板层可采用不同颜色或灰度区别。选择"Final"分层打印，再单击"Options…"按钮，设置打印比例"Print Scale"为"1.000"，即为1∶1。选择"Show Hole"的复选框，设置打印显示焊盘和过孔。单击"OK"按钮退出，回到打印设置对话框，单击"Layers…"按钮，设置需要打印的板层。选择打印"Signal Layers"中的"Bottom"。设置完毕后，单击"OK"按钮退出，又回到打印设置对话框，最后，单击"Print"按钮，即打印。

将打印纸面上的PCB图贴在感光敷铜板上，按感光敷铜板产品使用说明去操作，经过曝光、显影、腐蚀和钻孔后，就做成了印制电路板。

5. 元件选择和电路安装焊接及测试

选用1/8W的色环电阻器，电解电容器的耐压不低于16V，用一只三色变色发光二极管LED代替两只发光二极管LED1和LED2，用跳接线插座代替开关S。用一段去绝缘外层的铜芯电线作为探针。焊上两条直流电源正负极输入的软导线。元件和插座焊接完毕，将集成器件正确地插在相应的集成器件插座上，对照电路图耐心地逐个检查元器件是否用对，如色环电阻阻值、二极管和电解电容的正负极是否判别正确、集成器件管脚是否插对等；仔细检查元器件、连接线的焊点有无松动，电路连接是否正确。经检查无误后，接上工作电源，通电开始测试。实际测量输入为高阻时，a点、b点、c点的电位；实测出电路LED1亮时的输入低电平的最大值和LED2亮时的输入高电平的最小值；实际测试高阻、输入低电平、输入高电平，以及输入幅值为 4V、频率约为 50Hz 方波时的发光二极管 LED1 和 LED2 状态；测量矩形波周期 T 和占空比 $D = T_1/T$。

在电路测试中，若发现实际测试结果与理论计算值差别太大时，应查明原因，排除电路故障造成的错误。若想进一步提高矩形波产生电路输出的电压幅值，可在 VD3 和 VD4 中再串一个硅二极管，但是矩形波的频率也会有所改变。

6.1.4 思考题

原逻辑探笔增加单脉冲展宽电路（即单稳态触发器）后，就可以测试判断有无单窄脉冲信号。可充分利用 LM324 中剩余的一个运放构成单脉冲展宽电路，试仿真设计电路。

6.1.5 实训报告要求

（1）将仿真测量值、实际测量值与理论计算值列表对比，分析产生误差的可能原因。

（2）根据实验结果编写出该逻辑探笔和信号发生器的使用说明书。

（3）总结电路的制作、排除故障等方面的经验和体会。

6.2 正弦波信号发生器的设计和制作

6.2.1 实训目的

（1）掌握交流放大电路和 RC 桥式正弦波振荡电路的设计；熟悉三极管组成的交流放大电路和 RC 桥式正弦波振荡电路的调试。

（2）学会使用 EWB5.0c 电子电路仿真软件，并用于电路的设计、调试和仿真实验；学习用 Protel99se 软件设计印制电路板图。

（3）学习手工制作印制电路板，练习和掌握电子电路的手工焊接技术。

（4）熟悉常用电子仪器的使用、常用元器件的识别；锻炼分析和排除电路故障的能力。

6.2.2 实训内容及步骤

1. 电路设计

（1）设计要求。设计 RC 桥式正弦波振荡电路。电源电压 9V，采用单电源工作方式的集成运算放大器组成振荡电路，振荡频率1kHz，产生的振荡信号经中间隔离级输至三极管共发射极放大电路再放大，放大后的输出电压要求达到最大不失真。

（2）元件参数选择。参考电路如图6-4所示。

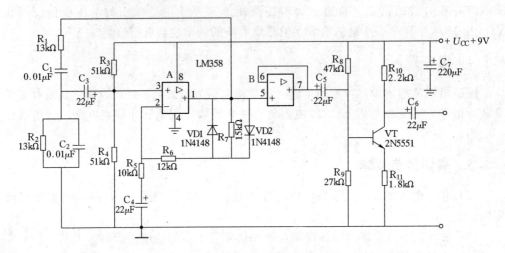

图6-4 RC桥式正弦波振荡器电路图

1）RC串并联谐振网络的谐振频率 $f_0 = 1/2\pi\sqrt{R_1R_2C_1C_2}$。要求 $f_0 = 1\text{kHz}$，当 $C_1 = C_2 = 0.01\mu\text{F}$ 时，理论计算 $R_1 = R_2$ 的值。

2）A运算放大器组成交流同相放大电路，引入深度的电压串联负反馈。其电压增益为 $A_V = 1 + (R_6 + R_7 // r_D)/R_5$。$r_D$ 是二极管VD1或VD2的交流电阻。VD1和VD2与 R_7 并联起自动稳幅作用。电源电压通过 R_3 和 R_4 分压，给A运算放大器同相输入端提供偏置电压，提高其输出端的电位，即 $U_1 = U_2 \approx U_3 = U_{CC} \times R_4/(R_3 + R_4)$。电解电容 C_4 使直流形成全负反馈、交流形成部分负反馈。要使电路产生振荡，必须使 $A_V > 3$。当 $R_5 = 10\text{k}\Omega$，$R_7 = 15\text{k}\Omega$ 时，通过调试确定 R_6 的值，使电路产生振荡且波形不失真。

3）理论初步确定 R_8、R_9、R_{10}、R_{11} 的值。设计三极管小信号放大电路时，一般情况下，静态电流设定为 $I_{CQ} = (1 \sim 2)\text{mA}$，静态电压设定为 $U_{CEQ} = (1/3 \sim 2/3)V_{CC} > 1\text{V}$。$R_8$ 和 R_9 的值不能太大，太大会使该级放大电路静态工作点的稳定性降低；也不宜太小，太小使该级放大电路输入电阻太低。R_9 的值在 $20\text{k}\Omega \sim 30\text{k}\Omega$ 范围内选择，当 R_9 的值确定后，R_8 的值由式子 $V_{CC} \times R_9/(R_8 + R_9) = (3 \sim 5)\text{V}$ 来估算。R_{11} 的值按式子 $R_{11} \approx [(3 \sim 5) - 0.7]/I_{CQ}$ 来估算。R_{10} 的值由式子 $V_{CC} \approx I_{CQ}(R_{10} + R_{11}) + U_{CEQ}$ 来确定。该级放大电路的电压放大倍数 $A_V = -\beta R_{10}/[r_{be} + (1 + \beta)R_{11}]$。在本电

路的设计中，R_{10} 和 R_{11} 值的选取既要满足有最佳静态工作点的要求，也要满足使输出电压达到最大不失真时有特定电压放大倍数的要求。所以上述电阻值经过理论初步估算后，须经过仿真调试，使输出电压达到最大不失真后，才最终确定。

2. 仿真调试

（1）电路元件参数初步确定后，用 EWB5.0c 软件仿真调试。打开 EWB5.0c 软件，按图 6-4 连好电路，仿真电路如图 6-5 所示。

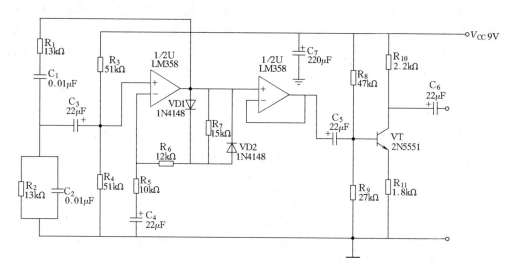

图 6-5　RC 桥式正弦波振荡器仿真电路图

双击图中元件，标上元件标号和参数，将单电源二运放 LM358 的"Positive voltage swing（VSW$_+$）"值改成"9"V，"Negative voltage swing（VSW$_-$）"值改成"0"V。

（2）调试振荡电路的 R_b 值。将电容 C_3 与选频网络相连接的一端断开，仿真信号发生器输出的 1kHz，约 20mV 正弦波经 C_3 输入同相放大电路，用仿真双踪示波器同时观测输入和第一级输出电压波形。打开仿真开关，改变 R_b 值，使第一级输出电压幅值略大于输入电压幅值的 3 倍。去掉仿真信号发生器，接好电容 C_3，打开仿真开关进行仿真，调节仿真示波器，观察是否有振荡波形。如果电路不起振，应调大 R_b；若振荡波形失真，则应调小 R_b，使振荡波形不失真。

（3）调试三极管共发射极放大电路的静态工作点。断开电容 C_5 两端，在仿真状态下调节 R_8、R_{10}、R_{11} 使静态电流 $I_E=(1\sim2)$mA，静态电压 $U_{CEQ}=(3\sim6)$V。将电容 C_5 与三极管放大电路的相连端接上，用仿真信号发生器经电容 C_5 输入 1kHz 的正弦波信号，逐渐增大输入信号电压幅值，用仿真示波器观察输出电压波形是否失真。当输出电压波形刚出现失真时，停止增大输入信号。观察此时的波形失真，如果是饱和失真，则应调小静态电流 I_C；如果是截止失真，则应调大静态电流 I_C。使输入信号电压幅值逐渐增大，同时出现既饱和又截止的失真为止，这时的静态工作点处于交流负载线的中点最佳位置，信号动态范围最大。

（4）联级调试，使输出电压达到最大不失真。接好电容 C_5，用仿真示波器观察振荡输出电压波形。如果输出电压波形不失真，可以通过调大 R_{10}，或调小 R_{11}，进一步提高三极管共发射极放大电路的电压放大倍数，从而增大输出电压幅值。反复调静态工作点和电压放大倍数，使静态工作点处于交流负载线的中点位置上，放大后的输出电压刚好达到最大不失真。用仿真示波器测量最大不失真输出电压的幅值和频率；如果输出电压波形产生既饱和又截止失真，可以适当调小三极管共发射极放大电路的电压放大倍数，或者通过衰减该级输入信号来克服失真。

3. 生成网络表文件

仿真调试好电路后，单击"File"菜单，在弹出的下拉菜单组中选择单击"Export..."，在出现的对话框中，选择即将生成的网络表文件保存位置，以及确定网络表文件名，在"文件类型"下拉按钮中选择"protel（∗.NET）"，最后，按"保存"按钮，即生成 Protel99 所需的网络表文件。

4. 用 Protel99se 软件设计印制电路板图（PCB 图）

（1）启动 Protel99se 软件。双击 Protel99se 图标，打开 Protel99se 软件。

（2）创建设计数据库。在打开的 Protel99se 中，单击"File"菜单，在弹出的下拉菜单组中选择单击"New"，在调出的"New Design Database"对话框中确定文件名，单击"Browse..."按钮可以选择设计数据库存放的目录。最后单击"OK"按钮，完成创建设计数据库。

新数据库创建后处于打开状态，其包括一个设计组文件夹、回收站和一个"Documents"文件夹。

（3）创建新 PCB 文档。双击打开"Documents"文件夹，单击"File"菜单，在弹出的下拉菜单组中选择单击"New..."，在调出的"New Document"对话框中双击"PCB Document"图标。此时，新增名为"PCB1.PCB"的 PCB 文档，用户可以重命名新文档。

（4）设计电路的 PCB 图。双击打开 PCB 文档，进入 PCB 编辑窗口，设计 PCB 图。

1）规划电路板。单击"Design"菜单，在弹出的下拉菜单组中选择单击"Options"，在出现的文档选项对话框中选"Options"标签页，单击"Measurement Unit"右边的下拉式按钮，在下拉菜单中选择"Metric"作为计量单位，按"OK"

按钮确定。单击编辑区下面的工作层标签上的"KepOut Layer"按钮，将禁止布线层设置为当前工作层。单击"Place"菜单，在弹出的下拉菜单组中选择单击"Track"，将十字光标移动到编辑区合适设置，单击鼠标左键，开始绘制电路板边框线。绘制完后，单击鼠标右键，退出此前的工作状态；查看印制电路板大小的方法：单击"Reports"菜单，在弹出的下拉菜单组中选择单击"Board Information..."，在出现的对话框中右边有一边框线示意图，所标注的数值就是实际印制电路板的大小。

2）加载元件封装库。将左边的设计管理器切换成为"Browse PCB"标签页界面。在"Browse"浏览栏下的组合编辑框中，单击右边的下拉按钮，从下拉列表中选择"Libraries"，单击"Add/Remove"按钮，在出现的调入库文件的对话框中，找到库文件 Generic Footprints 的安装目录（... \ Design Explorer 99SE \ Library \ pcb \ Generic Footprints），双击打开 Generic Footprints 文件夹，选择其中的"Advpcb"和"Miscellaneous"单击"Add"按钮调入，最后，单击"OK"按钮，之后所加载的库文件就会出现在"Libraries"栏列表中。

3）调入和加载网络表。单击"Documents"文件夹标签，回到打开的"Documents"文件夹。单击"File"菜单，在弹出的下拉菜单组中选择单击"Import..."，找到 EWB5.0c 生成的网络表文件，按"打开"按钮，完成调入网络表文件。在加载的元件封装库中应该包括有网络表文件的元件封装形式。否则，需修改网络表文件的元件封装形式，或者创建并加载创建的元件封装库。双击打开调入的网络表文件，修改元件封装形式，以符合元器件的实际安装要求，并与加载的元件封装库中的元件封装形式一致。如将电阻的"AXIAL0.5"改成"AXIAL0.4"；将二极管的"DO-35"改成"DIODE0.4"；电解电容的"RB.3/.8"改成"RB.2/.4"；三极管的"TO-92"改成"TO-126"；二极管管脚标号的"1"改成"A"，"2"改成"K"；各网络端点的字符向左紧靠。修改完毕，光标移至网络表文档标签，单击鼠标右键，关闭、保存网络表文件。单击 PCB 文档标签，回到打开的 PCB 文档，单击"Design"菜单，在弹出的下拉菜单组中选择单击"Netlist..."，在出现的对话框中单击"Browse..."按钮，在调出的网络表选择对话框中找到调入和修改的网络表文件，选中该网络表文件，单击"OK"按钮后，系统将加载指定的网络表，若在加载网络表时没有出现错误信息，表示成功地加载了网络表，这时单击"Execute"按钮，系统将把网络表列出的所有元件放置到 PCB 文档编辑区。

4）手工布局和布线。鼠标左键单击元件，按住鼠标左键不放，将元件拖拉至电路板边框线内布置。光标移至元件上，按住鼠标左键，按动"空格"键一次，元件就旋转90°。双击元件，出现元件属性修改对话框，可修改元件的标号、封装、数值等。元件布置好后，单击编辑区下面的工作层标签上的"Bottom Layer"按钮，将底层设置为当前工作层，开始手工布线：单击"Place"菜单，在弹出的下拉菜单组中选择单击"Track"，将十字光标移至电路板边框线内，单击后开始画线，单击鼠标右键退出此状态。布好线后，可采用整体编辑方式修改线条的宽度（线宽约1mm，电源线宜粗些）、焊盘的尺寸大小（外径约2.2mm）和通孔直径（0.8mm）等。参考的PCB图如图6-6所示。

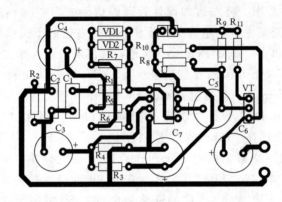

图6-6 RC桥式正弦波振荡器印制电路板图

5. 制作印制电路板

认真检查设计的PCB图是否与电路图一致，经检查无误后，通过打印机将PCB的底层图按1:1比例翻转打印到纸上，再将打印纸上的PCB图放到敷铜板面上（打印面朝外），对照PCB图将元器件引脚焊盘的过孔标记（定位）在敷铜板面上，然后用毛笔沾油漆在敷铜板面上描PCB图，描写完毕，等油漆干后，将描有PCB图的敷铜板放入三氯化铁溶液中腐蚀。将腐蚀好的电路板用水清洗，用0.8mm的钻头钻孔后，就做成了印制电路板。

6.2.3 元件选择和调试要点

$R_1 \sim R_{11}$用1/8W的色环电阻器，C_1和C_2用瓷介电容器，$C_3 \sim C_7$用铝电解电容器，耐压不低于16V。LM358不直接焊在印制板上，而是将八脚集成器插座焊在印制板上。R_6和R_8可以采用软件仿真确定的标称阻值，R_6和R_8的值也可以通过实际调试确定。即R_6用20kΩ的精密可变电阻器暂时代替，R_8用50kΩ的精密可变电阻器串接22kΩ的固定电阻器暂时代替，元件和集成器插座焊接完毕，将LM358插在八脚集成器插座上，对照电路图耐心地逐个检查元器件是否用对；仔细检查元器件、连接线的焊点有无松动,电路连接是否正确。经检查无误后,接上工作电源,通电开始调试。调 R_6 可变电阻器,使示波器观察到的第一级正弦波振荡电路的输出最大不失真电压波形。再用示波器观察最后级放大电路的输出端有否不失真的波形。若有不失真的波形,微调 R_8 的可变电阻值,使输出波形达到最大不失真。调试结束,焊下代用的可变电阻器,测量 R_6 的实际电阻值和 R_8 的实际电阻值,用标称阻值与实际电阻值近似相等的 1/8W 的电阻器代换焊上。

用示波器测量最大不失真输出电压的幅值和频率。

6.2.4　电路故障的检修

如果在调 R_6 可变电阻时,第一级正弦波振荡电路始终没有输出电压波形,电路始终不起振。应断开电路的工作电源,先用直观检查法检修电路。对照电路图耐心地逐个检查元器件是否用对,如色环电阻阻值、电解电容器和二极管的正负极以及三极管管脚等是否判别正确,集成器件管脚是否插对等;仔细检查元器件、印制电路板及其连接线的焊点有无松动、短路,电路连接是否正确等。经直观检查法初步排除故障后,接上工作电源,调 R_6 电路仍不起振,再用信号注入法逐步确定故障的所在级:断开 C_3 电容器与选频网络的连接端,接上电路的工作电源,经 C_3 电容器输入 1kHz 约 20mV 的正弦波信号,用示波器观察第一级电路输出端有否电压波形。若没有电压波形,说明第一级的放大电路有故障。用直流电压表检查该级各点的静态电压是否正常,若不正常,查找故障点,排出故障,直到有波形输出。然后,去掉输入信号,将 C_3 电容器与选频网络相连端焊好,再调 R_6 可变电阻,使电路起振,且波形最大不失真。第一级电路有波形输出后,用示波器观察第二级电压输出器也应有波形输出,若没有波形,检查该级连接线路是否有问题;第二级电路有波形输出时,用示波器观察最后第三级电路有否输出波形。若没有,说明最后级的放大电路有故障。检查该级各点的静态电压是否正常,若不正常,查找故障点,排出故障,直到有波形输出为止。

6.2.5　思考题

试用 Protel99se 软件画电路原理图,并生成所需的网络表。

6.2.6　实训报告要求

(1)写出电路元件参数估算的设计过程,并在画出的电路原理图中标出经过仿真调试后确定的元件参数值。

(2)将仿真示波器和实际示波器测量出的最大不失真输出电压的幅值和频率与理

论计算值比较，分析误差产生的可能原因。

（3）总结电路的制作、调试、排除故障等方面的经验和体会。

6.3 四路抢答器的设计和制作

6.3.1 实训目的

（1）熟悉数字电路的设计和工作原理，训练读图和逻辑分析能力；能够使用EWB5.12电子电路仿真软件进行仿真实验。

（2）学习用 Protel99se 软件设计印制电路板图。

（3）学习手工制作印制电路板，练习和掌握电子电路的手工焊接技术。

（4）熟悉所用器件的逻辑功能与使用，锻炼排除电路故障的能力。

6.3.2 实训内容及步骤

1. 电路设计

（1）设计要求。设计四路抢答器。四路抢答器的 LED 数码管显示优先抢答者号码，禁止显示其他抢答者的号码，同时发响声；由主持人通过主持人控制按钮清除LED 数码管的显示和停止响声，并且控制抢答开始时刻。

（2）设计方案。实现抢答功能的电路工作原理是：抢答开始时，电路处于开通状态，当第一个抢答者输入后，使电路处于保持（锁存）状态下，对后来的输入不作出响应。用数字集成器件设计抢答器时，选用具有锁存功能的集成器件组成的抢答电路最简单。本电路使用具有锁存功能的 BCD 码 4－7 线译码/驱动器 CD4511 作为核心器件，实现优先抢答的锁存、译码输出驱动 LED 数码管显示。

CD4511 能将输入的二一十进制码（8421BCD 码）译成七段码（a～g），驱动共阴极 LED 数码管。CD4511 具有锁存功能，它是 16 脚双列直插式 CMOS 的集成器件。管脚排列如图 6-7 所示，管脚功能：

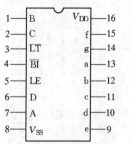

1）V_{DD}、V_{SS} 分别是正、负电源端，电源电压范围是 3～18V。

2）A、B、C、D 是 8421BCD 码输入端。A 是低位，D 是高位。

3）a～g 是七段译码输出，高电平有效。

4）$\overline{LT}$ 灯测试端。当 $\overline{LT}=0$ 时，无论其他输入端状态如何，此时 a～g 全为 1，LED 所有段全亮。可利

图 6-7 CD4511 管脚排列示意图

用此来检查数码管的好坏。

5）$\overline{BI}$ 消隐控制端。当 $\overline{BI}=0$，且 $\overline{LT}=1$ 时，a～g 全为 0，数码管不亮。

6）LE 锁存控制端。当 LE=0 时选通，LE=1 时锁存。

根据设计要求，将电路分成若干功能模块：抢答控制部分，译码显示部分，发声响部分。电路框图如图 6-8 所示。

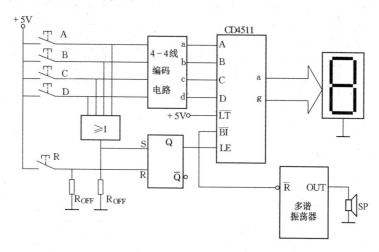

图 6-8　电路原理框图

2. 工作原理

抢答前，主持人按下复位按钮 R 后，RS 触发器 Q 输出端输出低电平，CD4511处于消隐工作状态，LED 数码管不显示，多谐振荡器不产生振荡，蜂鸣器不响。开始抢答时，第一个抢答者按下按钮后，输入的高电平经编码电路编成对应的8421BCD 码，输入到 CD4511 中。与此同时，RS 触发器的 S 输入端输入高电平后，其 Q 输出端变为高电平，CD4511 处于锁存工作状态，将此时 CD4511 输入对应的译码输出锁存起来，使数码管一直显示第一个抢答者的号码。多谐振荡器开始产生振荡，蜂鸣器发出响声。由于电路工作速度很快，第一个抢答者按下按钮瞬间，电路即刻完成锁存。所以同时出现抢答的几率很小。

3. 仿真设计和验证电路

（1）电路功能模块初步确定后，用 EWB5.12 软件仿真设计每部分电路。

设计 4-4 线编码电路。4-4 线编码电路的功能是将四路抢答输入信号分别编成对应的 8421BCD 码。由于电路工作速度很快，几乎不会出现多人同时刻抢答情况，多人同时刻抢答的结果也无效。所以将多人同时刻抢答输入信号看成约束项。编码表如表 6-2 所示。

表 6-2   编 码 表

输 入				输 出（8421BCD 码）				备 注
D	C	B	A	d	c	b	a	
0	0	0	0	×	×	×	×	无人抢答，$\overline{BI}=0$，LED 不亮
0	0	0	1	0	0	0	1	A 抢答，显示 1
0	0	1	0	0	0	1	0	B 抢答，显示 2
0	0	1	1	×	×	×	×	
0	1	0	0	0	0	1	1	C 抢答，显示 3
0	1	0	1	×	×	×	×	
0	1	1	0	×	×	×	×	
1	0	0	0	0	1	0	0	D 抢答，显示 4
1	0	0	1	×	×	×	×	
1	0	1	0	×	×	×	×	
1	0	1	1	×	×	×	×	
1	1	0	0	×	×	×	×	
1	1	0	1	×	×	×	×	
1	1	1	0	×	×	×	×	
1	1	1	1	×	×	×	×	

用卡诺图化简输出 a、b、c、d 与输入 A、B、C、D 的逻辑函数表达式。化简后，4-4 线编码电路的各输出逻辑函数表达式分别为：

$a=A+C$，$b=B+C$，$c=D$，$d=0$

根据化简后逻辑函数表达式分别用两个二极管 VD1 和 VD2 实现 $a=A+C$ 和 $b=B+C$ 逻辑关系。

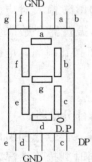

1）采用 CMOS 的集成或非门 CD4001 构成 RS 触发器。该 RS 触发器输入高电平有效。

2）用二极管 VD3、VD4、VD5、VD6 和电阻 R_1、R_2、R_3、R_4 组成四输入或门电路。

3）用集成 555 定时器组成多谐振荡器。

4）CD4511 译码输出经 $220\sim330\Omega$ 的电阻，限流后加到 LED 数码管各相应的阳极。

共阴极的 LED 数码管的管排列如图 6-9 所示。

参考设计电路如图 6-10 所示。

图 6-9 共阴极的 LED 数码管的管排列图

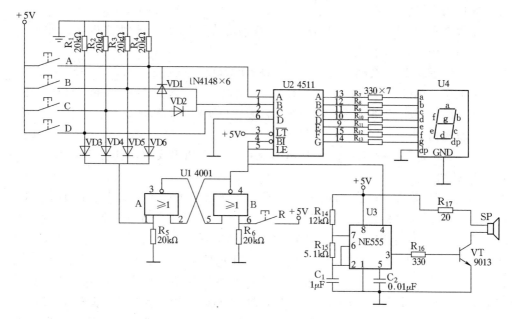

图 6-10 四路抢答器电路图

（2）仿真验证电路。打开 EWB5.12 软件，按图 6-10 画好电路。由于软件的 CD4511 的 LE 锁存控制端为低电平有效。所以仿真时将 CD4511 的 LE 锁存控制端改接 4001 器件的 3 脚。双击元件，标上元件标号和参数。元器件的 "Reference ID" 标号 要与 "Label" 的标号一致，这样生成网络表文件的元器件标号才与原理图的标号一致。

4. 生成网络表文件

仿真验证电路实现设计要求后，要将 CD4511 的 LE 锁存控制端接回到 4001 器件的 4 脚上，然后按下列步骤生成网络表文件：单击 "File" 菜单，在弹出的下拉菜单组中选择单击 "Export..."，在出现的对话框中，选择即将生成的网络表文件保存位置，以及确定网络表文件名，在 "文件类型" 下拉按钮中选择 "protel（∗.NET）"，最后，按 "保存" 按钮，即生成 Protel99 所需的网络表文件。

5. 用 Protel99se 软件设计印制电路板图（PCB 图）

（1）启动 Protel99se 软件。双击 Protel99se 图标，打开 Protel99se 软件。

（2）创建设计数据库。在打开的 Protel99se 中，单击 "File" 菜单，在弹出的下拉菜单组中选择单击 "New"，在调出的 "New Design Database" 对话框中确定文件名，单击 "Browse..." 按钮可以选择设计数据库存放的目录。最后单击 "OK" 按钮，完成创建设计数据库。

新数据库创建后处于打开状态，同时被创建的还有一个设计组文件夹、回收站和一个"Documents"文件夹。

（3）创建新 PCB 文档。双击打开"Documents"文件夹，单击"File"菜单，在弹出的下拉菜单组中选择单击"New..."，在调出的"New Document"对话框中双击"PCB Document"图标。此时，新增名为"PCB1.PCB"的 PCB 文档，用户可以重命名新文档。

（4）设计电路的 PCB 图。双击 PCB 文档，打开 PCB 文档，进入 PCB 编辑窗口，设计 PCB 图。

1）规划电路板。单击"Design"菜单，在弹出的下拉菜单组中选择单击"Options"，在出现的文档选项对话框中选"Options"标签页，单击"Measurement Unit"右边的下拉式按钮，在下拉菜单中选择"Metric"作为计量单位，按"OK"按钮确定。单击编辑区下面的工作层标签上的"KepOut Layer"按钮，将禁止布线层设置为当前工作层。单击"Place"菜单，在弹出的下拉菜单组中选择单击"Track"，将十字光标移动到编辑区合适设置，单击鼠标左键，开始绘制电路板边框线。绘制完后，单击鼠标右键，退出此前的工作状态；查看印制电路板大小的方法：单击"Reports"菜单，在弹出的下拉菜单组中选择单击"Board Information..."，在出现的对话框中右边有一边框线示意图，所标注的数值就是实际印制电路板的大小。

2）加载元件封装库。将左边的设计管理器切换成为"Browse PCB"标签页界面。在"Browse"浏览栏下的组合编辑框中，单击右边的下拉按钮，从下拉列表中选择"Libraries"，单击"Add/Remove"按钮，在出现的调入库文件的对话框中，找到库文件 Generic Footprints 的安装目录（... \ Design Explorer 99SE \ Library \ pcb \ Generic Footprints），双击打开 Generic Footprints 文件夹，选择其中的"Advpcb"和"Miscellaneous"单击"Add"按钮调入，最后，单击"OK"按钮，之后所加载的库文件就会出现在"Libraries"栏列表中。

3）调入和加载网络表。单击"Documents"文件夹标签，回到打开的"Documents"文件夹。单击"File"菜单，在弹出的下拉菜单组中选择单击"Import..."，找到 EWB5.12 生成的网络表文件，按"打开"按钮，完成调入网络表文件。在加载的元件封装库中应该包括有网络表文件的元件封装形式。否则，需修改网络表文件的元件封装形式，或者创建并加载创建的元件封装库。双击打开调入的网络表文件，修改元件封装形式，以符合元器件的实际安装要求，并与加载的元件封装库中的元件封装形式一致。如将电阻的"AXIAL0.5"改成"AXIAL0.4"；将二极管的"DO – 35"改成"DIODE0.4"；开关的"SPDT"改成"SIP3"；电解电容的"RB.3/.8"改成

"RB.2/.4"。二极管管脚标号的"1"改成"A","2"改成"K";各网络端点的字符向左紧靠。修改完毕,光标移至网络表文档标签,单击鼠标右键,关闭、保存网络表文件。单击PCB文档标签,回到打开的PCB文档,单击"Design"菜单,在弹出的下拉菜单组中选择单击"Netlist",在出现的对话框中单击"Browse..."按钮,在调出的网络表选择对话框中找到调入修改的网络表文件,选中该网络表文件,单击"OK"按钮后,系统将加载指定的网络表,若在加载网络表时没有出现错误信息,表示成功地加载了网络表,这时单击"Execute"按钮,系统将把网络表列出的所有元件放置到PCB文档编辑区。

4) 手工布局和布线。鼠标左键单击元件,按住鼠标左键不放,将元件拖拉至电路板边框线内布置。光标移至元件上,按住鼠标左键,按动"空格"键一次,元件就旋转90°。双击元件,出现元件属性修改对话框,可修改元件的标号、封装、数值等。也可以添加放置封装元件,修改其封装以适应一些器件的安装要求,如LED数码管、蜂鸣器等器件的封装在Protel99se的元件封装库(Libraries)中没有,需根据器件引脚排列的实际尺寸制作其封装。单击编辑区下面的工作层标签上的"Bottom Layer"按钮,将底层设置为当前工作层,开始手工布线:单击"Place"菜单,在弹出的下拉菜单组中选择单击"Track",将十字光标移至电路板边框线内,单击后开始画线,单击鼠标右键退出此状态。双击添加放置的封装元件的管脚,选择其连接的"Net"的网络名称,布好线后,可采用整体编辑方式修改线条的宽度(约1mm)、焊盘的尺寸大小(外径约2.2mm)和通孔直径(0.8mm)等。参考的PCB图如图6-11所示。

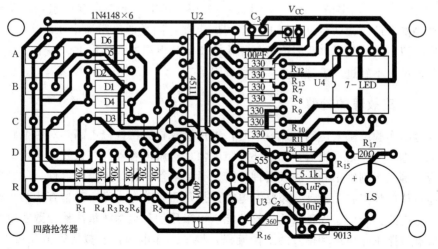

图 6-11 四路抢答器印制电路板图

6. 制作印制电路板

认真检查设计的 PCB 图是否与电路图一致，经检查无误后，通过激光打印机将 PCB 的底层图按 1:1 比例打印到不干胶标签的保护纸内面上。将单面敷铜板的敷铜面用细砂纸轻刷干净，将不干胶标签保护纸内面上的 PCB 图贴于敷铜面上，用熨斗熨烫一下，使碳粉沾附在敷铜面上，轻轻拿掉不干胶标签保护纸，将印有碳粉的敷铜板放到腐蚀液中腐蚀，没有碳粉覆盖的敷铜被腐蚀掉，剩下有碳粉覆盖的敷铜线条。腐蚀液可用氯酸钾、盐酸加水配制。配制时，先将氯酸钾和水加入塑料盘中，最后才加入盐酸，注意勿沾上盐酸。盐酸加入的多少根据腐蚀速度的快慢而定，盐酸加得多些，腐蚀速度就快。将腐蚀好的电路板用水清洗，用 0.8mm 的钻头钻孔后，就做成了印制电路板。

6.3.3　元件选择和安装焊接

$R_1 \sim R_{17}$ 用 1/8W 的色环电阻器，C_1 和 C_2 用瓷介电容器，A～D 和 R 五个按钮采用轻触型复位按钮，LED 数码管采用共阴极型，外形的长×宽为 12.8mm × 19mm，蜂鸣器的直径约 11mm。U1～U3 集成器件插在相应的集成器插座上。电源插座采用两芯插座。元件和插座焊接完毕，将各个集成器件正确地插在相应的集成器插座上，对照电路图耐心地逐个检查元器件是否用对；仔细检查元器件、连接线的焊点有无松动，电路连接是否正确。经检查无误后，接上工作电源，通电开始实验，验证电路设计是否可行，并在实验中发现和解决电路设计中存在的问题，完善电路设计，提高电路工作的可靠性。用一个 5.6kΩ 的固定电阻器串接一个 50kΩ 的可变电阻器暂时代替 R_{14}。当多谐振荡器产生振荡，蜂鸣器响时，调节可变电阻器，使蜂鸣器的响声快慢合适。调试结束，焊下代用的电阻器，测量两电阻器串联的实际电阻值，用标称阻值与两电阻器串联阻值近似相等的 1/8W 电阻器代换焊上。多谐振荡器的输出电压也可以不经过三极管而直接驱动蜂鸣器。

6.3.4　电路故障的检修

当电路实验结果未达到设计要求时，先用直观检查法检修电路。对照电路图耐心地逐个检查元器件是否用对，如色环电阻阻值、电解电容器和二极管的正负极以及三极管管脚等是否判别正确，集成器件管脚是否插对等；仔细检查元器件、印制电路板及其连接线的焊点有无松动、短路，电路连接是否正确等。经直观检查法初步排除故障后，若电路仍未能实现正常的抢答功能，可采用信号追踪测量法检修数字电路的故障。根据电路工作原理和信号的工作流程，接上工作电源，模拟抢答情况按下按钮，由前级往后级，逐一测试出器件的输入和输出逻辑电平，根据器件的逻辑功能，分析测得的输出和输入的逻辑电平是否符合该器件正确的逻辑关系。在确认器件的工作电源已有的情况下，若前级器件输出电平正确，而其后级器件输入电平不正确，则故障在两器件之间，进一步检查两器件之间的元件和印制电路板的连接线的焊点有虚焊、短路等；若该器件输入端输入电平正确，而输出端输出电平不正确，则故障出在该器件上。检查该器件型号是否用对、管脚是否插对、该器件的电源正端和"地"端之间是否有5V直流电压。一一检查，找到故障点，排出故障。直到电路逻辑功能正常为止。

6.3.5 思考题

用 EWB5.12 软件的逻辑转换器化简 4-4 线编码电路的各输出逻辑函数式，用卡诺图如何化简得到其结果？

6.3.6 实训报告要求

总结电路的设计、制作、排除故障等方面的经验和体会。

6.4 遥控电视机全关机电路的设计和制作

许多遥控电视机遥控关机采用直流关机。众所周知，直流关机并没有完全切断电视机电源，为了保证不损坏电视机，以及不浪费电能，用户需走到电视机跟前动手关断电视机电源开关，这使得用户在使用电视机显得不方便。本制作介绍的遥控电视机全关器既可以不改变电视机电路实现遥控关机，方便用户的使用，又可以完全切断电视机电源。

6.4.1 实训目的

(1) 学会用手工的办法将 Protel99se 生成的印制电路板图绘制到敷铜板上。
(2) 学习电阻、电容、二极管、稳压二极管、三极管和可控硅的选用。
(3) 学习安装注意事项和提高调试能力。
(4) 掌握人工腐蚀电路板办法。
(5) 训练用电钻在电路板上打孔的技能。

6.4.2 工作原理与工作过程

原理电路如图 6-12 所示。当电视机开机时按一下按钮 SB，可控硅被触发导通。开机后由 C_3、R_7、VD2、VZ 和 C_4 组成的阻容降压式稳压电源为 VT2 供电，同时由于供电电流较大，在取样电阻 R_1 上形成足够大的交流压降，该交流电压经 VD1 整流、C_1 滤波后也就获得了足够大的直流电压 U。此二电源电压使三极管 VT1 和 VT2 导通。VT2 导通后，它为双向可控硅 SCR 提供触发电流，于是 SCR 就一直保持导通下去，电视机也就获得了 220V 电压。当电视机遥控直流关机后，由于电流大大下降，因此 R_1 上的压降很小，U 很低，VT1 截止。但由于 C_2 上的电压（原来基本为零）不能突变，故 VT2 仍维持导通，直到 C_2 两端电压上升到使 VT2 发射结电压小于 0.6V 时截止。由于 VT2 的截止，SCR 失去触发电压在交流过零时关断，因此切断了电视机的供电，电视机被全关机，同时也切断了本全关器的供电回路，全关器不再消耗电能。

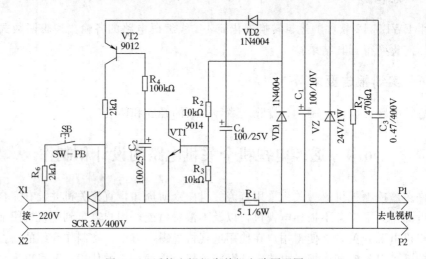

图 6-12 遥控电视机全关机电路原理图

6.4.3 元器件的选用

在本电路中：电阻器的选择主要考虑的是其标称值、额定功率，以及成本和方便问题，故 R_2、R_3、R_4、R_5、R_6 和 R_7 选用通用型、标准系列、1/4W、RJ 电阻器，R_1 选用 6W 以上的线绕电阻。对电容器主要考虑的是容量、耐压和工作频率。由于 C_1、C_2 和 C_4 工作于直流状态，故选择铝电解电容器。另外，C_2 要求漏电小，否则在关机时 VT2 无法截止。C_3 由于耐压要求较高、漏电小，故选用 CJ10 型金属化高压电容。由于 VD1 和 VD2 在电路中起整流作用，而且 1N4004 的各项参数都能满足要求，同时使用很普遍，故 VD1 和 VD2 选用 1N4004。选用稳压二极管时主要考虑稳定电压和额定功耗满足要求，故选用 24V/1W 的玻封稳压二极管 1N4749（或 2CW116）。电路中 VT1 为 NPN 管，VT2 为 PNP 管，考虑到主要参数和使用的广泛性，VT1 选用 9014，VT2 选用 9012。由于电视机开机瞬间电流较大，内部电路存在着感性元件，此处可控硅起着交流开关的作用，故 SCR 选用额定电流 3A，耐压 400V 以上的，如 BCR3AM。从安装和操作方便方面考虑 SB 选用 KAX-1 型常开按钮。各元器件的有关参数见图 6-12。

6.4.4 在实验板上组装电路、调试

在面包板上插好各元器件，R_1 要连接可靠。通电前仔细检查一遍各元器件是否插错，是否存在短路现象。电视机可用 40W 左右的灯泡来模拟。按下 SB（C_4 两端应有 24V 左右的电压），灯泡应亮，否则应检查 R_6 及 SCR。松开 SB 后灯泡应维持亮，否则应检查 VT2 是否导通。如果松开 SB 后灯泡的亮度变暗，说明 SCR 导通不够，可适当减小 R_5 的阻值。接着调试取样电路，短接 SCR 的 T_1、T_2 端，用万用表取代 C_2（置 50V），调节 R_3 使负载功率为 40W 时电压为 0.8V，VT1 导通；负载功率为 15W～20W 时接近 V_{CC}，VT1 截止即可。最后调节 R_4，调整延时时间，使延时时间约为 15s（可根据需要而定）。

6.4.5 制作印制电路板

1. 用 Protel99se 软件设计印制电路板。

（1）用 Protel99se 按图 6-12 画出原理电路图。

各元器件的参考封装如表 6-3。

表 6-3　　　　　　　　遥控电视机全关机电路元器件封装表

说　明	编　号	封　装	器件名称
电阻	R_1	AXIAL-1.0	RES2
	$R_2 \sim R_7$	AXIAL-0.4	
电容	C_1、C_2、C_4	自制 RB-0.3/0.6（cm）	ELECTRO1
	C_3	RAD-0.3	CAP
二极管	VD1、VD2	DIODE-0.4	DIODE
稳压二极管	VZ	DIODE-0.4	ZENER1
三极管	VT1	TO92A	NPN
	VT2		PNP
可控硅	SCR	TO247V	TRIAC
连接件	插座1、插座2	自制	插座
按钮	SB	自制	SB

注意：在选择二极管、三极管和可控硅的封装形式时要将其引脚编号与原理图中的相应引脚编号对应起来，否则，会出现无法连线或引脚连接错误；插座的焊盘间距为10mm（便于用标准插件），孔直径2mm，外径4mm；按钮的焊盘尺寸，可根据连线需要而定。

（2）从原理图生成印制电路板图。

1）板层与参考尺寸为：双层；60mm×50mm。

2）元器件的布置参考图6-13。其中：R_1摆放的位置应考虑到散热和对其他元器件的影响；电源线应布置在电路板边缘，以便接线。

3）其他参数：

线宽：电源线宽2mm；其他线宽1mm。

焊盘尺寸：R_1和220V接线座的焊盘孔直径2mm，外径4mm；其他焊盘尺寸选择默认数据（孔直径0.7mm，外径1.9mm）。

生成的印制板电路图如图6-13所示。

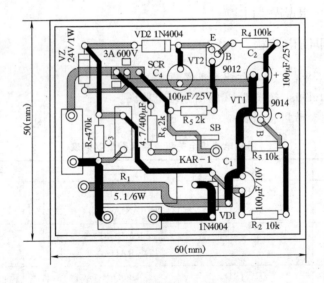

图6-13 遥控电视机全关机印制电路板图

2. 制图

用微机打印出印制电路板图，然后采用手工的办法用复写纸在敷铜板上刻印出印制电路图，再在印制线路上，覆盖一层防腐剂。待防腐剂稍干后，即可进行腐蚀。

3. 蚀刻

采用浸入式：即将制好电路图的敷铜板放入三氯化铁（或酸性氯化铜、或碱性氯化铜）溶液中腐蚀，待腐蚀完成后取出，用水洗净即可。注意：此法虽然简单易行，但效率低，侧面腐蚀严重。腐蚀完后，需要修边。常用于数量少的手工操作。

4. 打孔

首先，选择好钻头尺寸，并安装于台钻上；然后开启台钻电源；一只手握紧电路板，另一只手操纵电钻压杆，慢慢下压钻头，让焊盘或过孔中心位置对准钻头，按先慢——再快——最后再慢的速度，用力下压电钻压杆使焊盘或过孔钻穿。

在钻孔过程中，不得使钻头横向受力，否则，容易造成钻头折断。

操作时要注意安全，不可戴线手套操作电钻。头部应与电钻保持一定距离，最好戴安全帽，以防头发缠入电钻中。

6.4.6 安装与调试

1. 安装

（1）使用前，要检查每一个元器件的质量。

先检查一下外观有无损坏、标志是否清晰、引线是否生锈和松动，然后用万用表检查其电气性能。

（2）安装注意事项。电阻器采用卧式安装。R_1 两端引脚要焊接在牢靠的支点上，同时，要注意它对周围其他元器件的热影响。各元器件的标志要处在便于观察（如向上或向外）的位置。电容、二极管、稳压二极管、三极管和可控硅的引脚极性不要弄错。

2. 调试

将采用直流遥控关机的电视机接入电路输出端。打开电视机电源开关，接通电源。按下 SB 键，电视机应该开机；松开 SB 键；电视机应该开机维持开机状态，否则应检查 VT1、VT2 是否导通。同时应该再次调节 R_3 使 VT1 足够饱和，调节 R_5 使 SCR 两端电压足够小，以保证 SCR 充分导通。当遥控电视机直流关机时，经过约 15s 延时电视机指示灯熄灭，即全关机。

6.4.7 制作要点与说明

因本电路与市电没有隔离，调试时务请注意安全。为了保证安全，最好采用 1：1 的电源隔离变压器隔离市电。

6.5 一盏灯多开关控制器的设计和制作

在日常生活中，人们常需在不同位置控制一盏电灯或一台电器的通断，旅馆、医院病房、走廊等场所尤其需要。用两个开关控制的电路容易连接，三个以上开关控制的电路就很麻烦了。采用本多开关控制器不但可以妥善解决这一问题，而且开关数可以无限增加。

6.5.1 实训目的

（1）学习用 EWB5.12 软件模拟数字电路的工作过程、分析 D 触发器的工作状态和验证电路的正确性。

（2）学习数字集成电路的选用。

（3）学会如何解决调试中的安全问题。

（4）提高对数字电路的调试能力。

（5）学习用集成电路制作电路技术。

6.5.2 工作原理与工作过程

原理电路如图 6-14 所示。

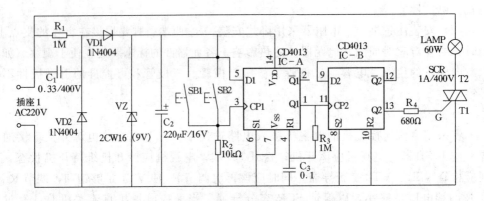

图 6-14 一盏灯多开关控制器电路原理图

交流 220V 经降压、整流、滤波和稳压后，在 C_2 上得到 9V 电压，作为 IC 的电源。IC 是一块双主从 VD 触发器 CD4013，IC-A 构成单稳电路，IC-B 构成双稳电路。由于单稳电路的 VD1 端接电源正端，故按动 $SB_1 \sim SB_n$（图 2-3 中只画了两个按钮）中的任何一个开关都有 Q1＝VD1＝"1"，Q1 端高电平经 R_3 对 C_3 充电，当 IC-A 的复位端 R_1 达到复位转换电平时，便有 Q1＝"0"，之后 C_3 经 R_3 放电，使 R_1 端处于低电平。与此同时，Q1 端的高电平加到 IC-B 的 CP2 端，使 Q2＝"1"，双向可控硅受触发导通，灯亮。再按任一个按钮开关，Q1 又输出"1"（以后自动恢复为"0"），CP2 又受触发一次，Q2＝"0"，可控硅关断，灯熄。可见每按一次按键，灯的状态就会改变一次。此处单稳电路的作用是避免开关触点抖动引起触发状态的紊乱，使按钮开关的作用准确可靠；双稳电路的作用是每接收一个脉冲，改变一次输出状态，以达到改变灯熄灭状态的目的。

6.5.3 用 EWB 进行模拟、分析、验证

1. 用 EWB5.12 仿真软件进行模拟

用 EWB 按图 6-15 连接好仿真电路，其中按钮开关的合、断产生的 CP 脉冲用 5V、0.5Hz 时钟源代替；灯泡用发光二极管代替；整流滤波稳压后的直流电源用 V_{DD} 代替。R 为 LED 的限流电阻。

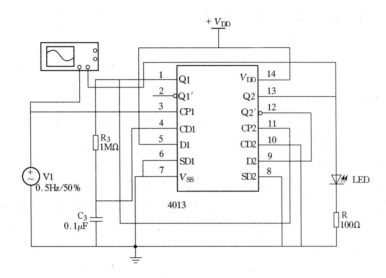

图 6-15　一盏灯多开关控制器仿真电路

2. 分析电路的工作情况和验证电路的可行性

用示波器分别测量 CP1、Q1、CD1（清零端）和 Q2 的输出波形，并与 CP1 端的时钟波形比较。由这些波形图可以看出：VD1 触发器构成单稳电路，VD2 触发器构成双稳电路，电路各点的波形完全符合前述工作情况。LED 的一亮一灭验证明该电路可以用来控制灯的亮与灭。

6.5.4 元器件的选择

由于 R_1、R_2、R_3 和 R_4 实际消耗的功率远小于 1/4W，故选用 1/4W 普遍使用的 RJ 型电阻即可；C_1 要求能承受（$220 \times \sqrt{2} = 311$）V 的峰值电压，故选用 CJ10

型金属化 400V 的高压电容；C_2 要求能承受 9V 以上的耐压，而在此处起滤波作用，故选用 16V 的铝电解电容；C_3 不存在耐压问题，它在此处起延时对 IC-A 起清零作用，根据延时的需要在瓷片电容中选择容量的大小；VD1 在此处起整流作用，VD2 起削峰作用，选用 1N4004，不但能承受耐压，而且还普遍使用；VZ 选用 1/4W 的 2CW16（9V）即可；SCR 应根据负载电流的大小选用耐压大于（$220 \times \sqrt{2} = 311$）V 的双向可控硅；D 触发器选用工作电源电压比较宽松的 CMOS 系列集成电路 CD4013 双 D 触发器；按钮根据安装需要而定；电路板选用易于布线的双面敷铜板。各元器件的大小见图 6-14。

6.5.5 在实验板上组装电路、调试

1. 在面包板上组装电路

按图 6-14 在面包板上进行连线。为了人身安全，用一低压电源变压器[220/（14～17）V]的输出代替交流 220V 电压；R_1 用 1/4W、1kΩ 左右的电阻代替；灯泡用一个 12V 小电珠代替；其余接线按图 6-14 进行。所有连接线要紧贴面包板，做到横平竖直，不可飞越集成电路上方。

2. 在面包板上调试电路

先仔细检查一遍所有的元器件是否插错，然后通电调试。每按一次按键 SB1 或 SB2 小电珠的状态应该改变一次，否则，检查 IC-A、IC-B 的状态是否随按键的状态而变化，并找出原因。若按钮时，小电珠状态不稳，说明 C_3 充电速度太快，使 Q1 很快清零，之后 Q1 又通过按钮置"1"，导致 Q2 的状态随按钮抖动而多次发生变化。遇此情况，可适当增加 R_3、C_3 的值，使 C_3 的充电速度减慢。若 Q2 为"1"时，灯泡不亮，应检查 SCR 是否导通，并查明原因。若 SCR 未充分导通，可适当减小 R_4（不可太小，否则会损坏 SCR），使 SCR 两端电压足够小。

调试正常后，R_1 恢复为原来阻值 1MΩ，小电珠换成日用白炽灯，拆去电源变压器，在交流 220V 两端加上交流 220V，按下 SB1 或 SB2，白炽灯就会发生亮灭变化。

6.5.6 制作印制电路板

1. 用 Protel99se 软件设计印制电路板

（1）用 Protel99se 按图 6-14 画出原理电路图。各元器件的参考封装见表 6-4。

注意：为了使原理图清晰，便于读图，CD4013 应自制原理图元件图（图形见图 6-14）；各元器件的封装图参见图 6-16。

表6-4　　　　　　　　　　一盏灯多开关控制器电路元器件封装表

说　明	编　号	封　装	器件名称
电　阻	R_1、R_2、R_3、R_4	AXIAL—0.4	RES2
电　容	C_1、C_2、C_3	RAD—0.3自制，RB—0.3/0.6（cm）	ELECTRO1 CAP
二　极　管	VD1、VD2	DIODE—0.4	DIODE
稳压二极管	VZ	DIODE—0.4	ZENER1
可　控　硅	SCR	TO247V	TRIAC
集　成　电　路	IC	DIP14	CD4013
连　接　件	插座	自制	插座
按　钮	SB1、SB2	自制	SB
灯　泡	LAMP	自制	LAMP

（2）从原理图生成印制电路板如图6-16所示。

1）板层与参考尺寸为：双层；55mm×55mm。

2）元器件的布置参考图6-14。其中：连接件的位置应处于控制器进出口的位置；元器件的布置应该讲究美观、整齐、便于安装和维修。

3）其他参数：

线宽：电源线宽2mm；其他线宽1mm。

焊盘尺寸：220V接线座和按钮的焊盘孔直径2mm，外径4mm；其他焊盘尺寸选择默认数据（孔直径0.7mm，外径1.9mm）。

生成的印制板电路图如图6-16所示。

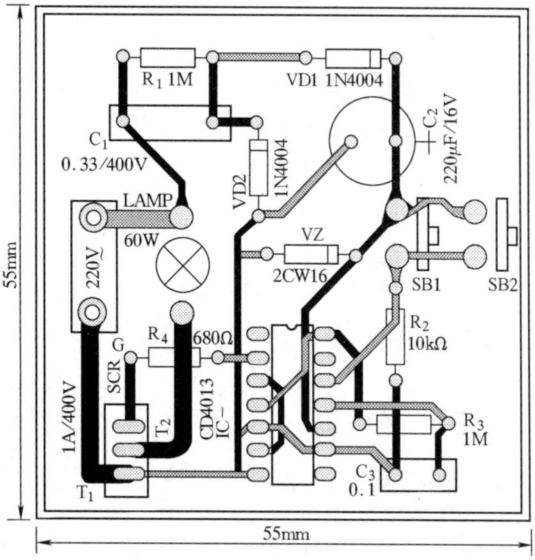

2. 制图

用微机打印出（黑白）印制电

图6-16　一盏灯多开关控制器电路印制板图

路板图，然后用相机对印制电路板图拍照，得到底片。再采用丝网漏印法将相片上的印制电路图转移到敷铜板上，即：在丝网上将印制电路板图制成镂空图形，将敷铜板在底板上定位，将印制料倒在固定丝网的框内，用橡皮板刮压印料，使丝网与敷铜板直接接触，即可在敷铜板上形成由印料组成的图形。漏印后需烘干、修版。

3. 蚀刻

根据条件可选择下列四种方法之一：

(1) 浸入式。

(2) 泡沫式。以压缩空气为动力，将腐蚀液吹成泡沫，对板进行腐蚀。此法工效高，质量好，适于小批量生产。

(3) 泼溅式。利用离心力作用将腐蚀液泼溅到印制板上，达到蚀刻的目的。本方法生产率高。

(4) 喷淋式。用塑料泵将腐蚀液送到喷头，喷成雾状微粒，并高速喷淋到敷铜板上，板由传送带运送，可进行连续蚀刻。此方法是目前蚀刻方式中较先进的技术。

4. 打孔

按实训一介绍的办法用台钻对电路板打孔。条件允许的情况下可用数控钻床打孔。

6.5.7　安装与调试

1. 安装

(1) 使用前，要检查每一个元器件的质量。先检查一下外观有无损坏、标志是否清晰、引线是否生锈和松动，然后用万用表的欧姆挡检查一下电阻、电容、二极管、稳压二极管和可控硅的好坏。连接一简单的电路检查一下 CD4013 双 D 触发器逻辑功能是否正常，或用 PLD 通用编程器检测其好坏。

(2) 安装注意事项。电阻器采用卧式安装。电容、二极管、稳压二极管和可控硅的引脚极性不要弄错，集成电路引脚不要插反。按钮可根据需要选择安装位置，并通过导线连接于电路板上。

2. 调试

按实际安装位置连好线路即可，一般不需要调试。

6.5.8　制作要点与说明

由于本电路的制作过程中与市电有关，调试与通电安装时要注意安全。

6.6　红外线自动水龙头的设计和制作

红外线自动水龙头使用极为方便，不需要人工操作。只要将手伸至水龙头下方洗手，则水自动从水龙头流出，当手离开水龙头，则其自动关闭，因此现在被广泛应用于公共卫生间，以解决卫生和节约用水的问题。

6.6.1 实训目的

（1）学习用 Multisim2001 软件模拟电路的工作过程，分析 555、光耦合运放的工作情况，验证电路的可行性。

（2）学习器件的选择。

（3）学习特殊元器件的制作。

（4）学习按信号流程布置元器件。

（5）学习由模拟器件、数字器件及特殊元器件组成的混装电路的布局，提高综合布局能力。

（6）学习印制电路板的抗干扰设计。

（7）提高动态调试能力。

6.6.2 工作原理与工作过程

图 6-17 为一种红外线水龙头控制电路。

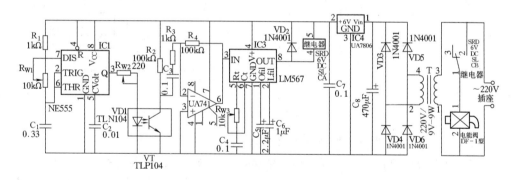

图 6-17   红外线自动水龙头原理电路图

其工作原理如下：

IC$_1$ 与其周围元器件组成频率约为 30～50kHz 的脉冲振荡器，驱动红外发光二极管 VD1 发出调制红外光。当有人洗手（或盛水）接近水龙头时，由 VD1 发出的红外线被人体反射回来一部分，为 VT 接收，并通过运放 IC2 放大后输入到音频译码器 LM567（锁相环 PLL）的输入端第 3 脚，经 IC3 进行识别译码（锁相）后使其第 8 脚输出低电平，继电器吸合，其常开触点 1、2 接通电磁阀电源，电磁阀打开，水龙头自动流出水。当人体离开水龙头后，VT 失去红外信号，电路又恢复到一般等待工作状态。

6.6.3 用 EWB 进行模拟、分析和验证

1. 用 Multisim2001 仿真软件进行模拟

用 Multisim2001 按图 6-18 连接好仿真电路，其中三端稳压器用 $V_{CC}=6V$ 的电源代替，R_{W2} 用 $1k\Omega$ 的电位器代替，红外感应头用元件库中的虚拟光耦代替，其他元器件按实际情况取值。R_5 是为了提高光耦的灵敏度而设置的。

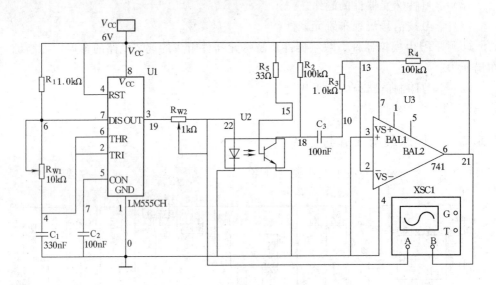

图 6-18   红外线自动水龙头仿真电路

2. 分析电路的工作情况和验证电路的可行性

用示波器分别测量 555 的输出脚和光耦的输入脚波形，检查是否有波形产生。再用示波器观察光耦的输出脚波形。若没有波形或波形的幅度很小，则减小 R_{W2} 的阻值。若仍然无波形，再减小 R_5 的阻值，直到波形的幅度满意为止。最后用示波器观察运放的输入和运放的输出脚波形，检查波形是否被放大。改变 R_{W1} 的大小，观察波形的频率变化情况。通过波形观察可以看出 555 在此处起振荡器作用，光耦也存在灵敏度问题，741 在此处起放大作用。

说明：由于元件库中的锁相环与实际应用中的锁相环 LM567 相差较远，导致不能完全仿真实际工作过程。另外，光耦也不符合实际的感应头，因此，此电路的仿真不能作为设计和调试的主要依据，而应以实际调试的结果为主。

6.6.4 元器件的选择

为了使振荡频率稳定，C_1 和 C_3 选择瓷片电容器或云母电容器；R_{W1}、R_{W2} 和 R_{W3} 选择可调电位器；R_1 选择 RJ 金属膜电阻；继电器不但工作电压要满足，而且触点容量要满足，选择 SRD—06VDC—SL—C 双对触点（或 JQX—4F 单对触点）型；变压器不但工作电压要满足，而且容量要满足，选择 220V/9V—9W；其他元器件的选择见原理图 6-17。

6.6.5 在实验板上组装电路、调试

按图 6-17 在面包板连好线路，其中电磁阀用白炽灯代替。VD1 和 VT 要用铁皮罩起来，用双踪示波器同时显示 555 振荡器 3 脚的输出波形和 LM567 音频译码器调 6 脚的波形。分别调节 R_{W1} 和 R_{W3}，使红外线发射与接收周期（即频率）一致。调节 R_{W2} 阻值，改变 VD1 的发射电流，控制人体接近感应头的有效作用距离（即灵敏度），使白炽灯点亮。

6.6.6 制作印制电路板

1. 用 Protel99se 软件设计印制电路板。

（1）用 Protel99se 按图 6-17 画出原理电路图。各元器件的参考封装如表 6-5。

表 6-5   **红外线自动水龙头电路元器件封装表**

说　明	编　号	封　装	器件名称
电　　阻	R_1、R_2、R_3、R_4	AXIAL—0.4	RES2
电　　容	C_1、C_2、C_3、C_4、C_7、 C_5、C_6、C_8	RAD—0.1 自制，RB—0.2/0.5（cm） 自制，RB—0.3/0.8（cm）	CAP ELECTRO1 ELECTRO1
二　极　管	D_2、D_3、D_4、D_5、D_6	DIODE－0.4	DIODE
红外发射管	VD1	自制，VD1（0.254cm）	DIODE
红外接收管	VT	自制，VT（0.254cm）	PHOTO NPN
电　位　器	R_{W1}、R_{W2}、R_{W3}	自制，电位器	POT2
继　电　器	J	自制，继电器	继电器
变　压　器	T	自制，T	TRANS1
555 振荡器	IC1	DIP—8	NE555
运算放大器	IC2	DIP—8	μA741
音频译码器	IC3	DIP—8	LM567
三端稳压器	IC4	UA7806	UA7806
连　接　件	插座	自制	插座

注意：为了使原理图清晰，便于读图，IC1、IC2、IC3、继电器和电磁阀应自制原理图元件图（见图 6-17）；各元器件的封装图参见图 6-19。

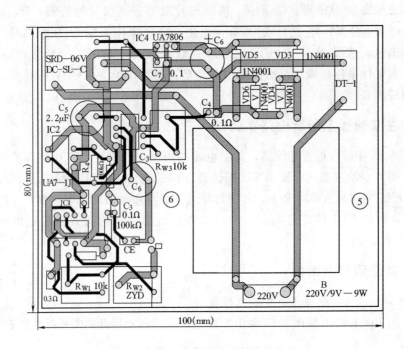

图 6-19 红外线自动水龙头电路印制板图

（2）从原理图生成印制电路板图。

1）板层与参考尺寸为：双层、参考尺寸为：100mm×80mm。

2）按信号流程依次布置元器件的规则，从左到右布置元器件：先布置 555，其次布置 μA741，再布置 LM567，最后布置 7806。电源变压器放在最右边，电源连接插座放在电路板下方边缘。其他元器件应围绕其中心元器件进行，并考虑抗干扰、美观和制板的方便等诸因素进行布置。各元器件的布置参考图 2-8。

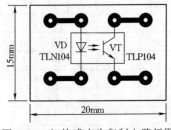

图 6-20 红外感应头印制电路板图

3）其他参数：

线宽：信号线宽 1mm；V_{CC}、GND 和交流电源线宽 2mm（最好大于 3mm）。

焊盘尺寸：孔直径 0.7mm；外径 1.9mm。

变压器安装孔直径：5mm。

4）用手工在一块 20mm×15mm 的敷铜板上绘制出感应头电路板图，如图 6-20 所示。

生成的印制板电路图如图 6-19 所示。

2. 制图

除了采用上面介绍人的"手工制图"、"丝网漏印法制图"外，还可以采用"光化学法制图"：即用洗印照片的方法将印制图形印制在敷铜板上。下面介绍一种成本低，又适用于中小批量生产的电路板专业制板方法——雷谱静电制版机制板法。对于插件电路板其制作流程如图 6-21 所示。

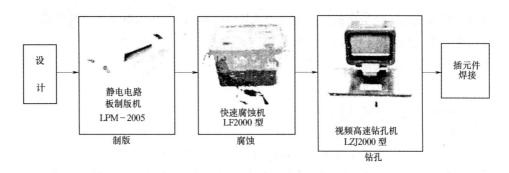

图 6-21　雷谱静电制版机制作插针件印制电路板流程图

其制板过程是：首先将设计好了的印制图送往制版机，制版机利用静电原理使墨粒在敷铜板直接一次成像；然后将电路板放入腐蚀机中刻蚀。腐蚀机由两个箱体组成，上箱体为工作区，搅拌电机在箱体的顶部，由塑料长轴和塑料叶片插入药液内，使药液产生涡流加速腐蚀，被腐蚀的电路板置两侧，也可以放在底部；下箱体为加热水箱，将上箱放在热水中，防止加热器被腐蚀，安全可靠。最后由打孔机打孔。该打孔机具有如下特点：①利用摄像头定位系统，7 英寸显示屏监视；②电键控制自动打孔；③可装配 0.2～1.0mm 多种直径的硬质合金钻头。

3. 蚀刻

根据条件可选择下列三种方法之一：

（1）浸入式；

（2）泡沫式；

（3）喷淋式。

4. 打孔

选择好钻头尺寸，用打孔机，或台钻，或数控钻床对焊盘进行打孔。

6.6.7　安装与调试

按图 6-19 安装好所有的元器件，按图 6-20 焊好红外发射与接收管，并将感应头与图 6-19 连接起来。变压器要用螺丝钉固定好，电磁阀暂时用白炽灯替代，通电试验。若人体接近感应头时，灯不亮，再次检查发射与接收频率是否一致。若不一致，调节 R_{W1} 和 R_{W3}，使发射与接收频率一致。若人体接近感应头的有效作用距离不合适，则再次调节 R_{W2}，直到满意为止。

6.6.8　制作要点与说明

（1）焊盘孔边缘到电路板边的距离要大于 1mm，以免加工时导致焊盘缺损。

（2）对 IC 焊盘应进行认真处理。

（3）相邻的焊盘要避免有锐角。

（4）将接地线构成闭环路。

（5）将数字电路与模拟电路分开。

（6）最好采用♯字形网状布线结构。

（7）对三端稳压器应放置在电路板边缘，便于散热，若加散热片则更好。

（8）将 R_{W1}、R_{W3} 两个电位器放置在易调节的位置。并将其引脚连接成顺时针调节振荡频率增大，逆时针调节频率减小。

（9）调试时可用灯泡或其他假负载代替电磁阀。

（10）当红外线自动水龙头安装于水管处时，要注意防水、防潮谨防漏电，保证使用安全。

6.7　声、光、延时控制路灯控制器的设计和制作

6.7.1　实训目的

（1）了解声控、光控传感器、延时电路和门电路的工作原理，掌握声光控路灯控制器电路的设计原理。

（2）熟悉数字电路的设计和工作原理，训练读图和逻辑分析能力；能够使用 EWB5.12 电子电路仿真软件进行仿真实验。

（3）学习用 Protel99se 软件设计印制电路板图。

（4）学习手工制作印制电路板，练习和掌握电子电路的手工焊接技术。

（5）熟练使用常用仪器、仪表，熟悉所用器件的逻辑功能与使用，锻炼分析、排除电路故障的能力。

6.7.2 电路与工作原理

1. 电路

声光控楼道路灯控制器的电路如图 6-22 所示。电路共由六部分组成：二极管 VD1～VD4、电容 C_1、组成桥式整流和电容滤波电路经 R_7 降压给控制电路提供直流电源；R_1、驻极体传声器 BM 组成的声控电路；R_2、光敏电阻 R_G 组成的光控电路；R_3、C_2 组成的 RC 延时电路；可控硅 MCR 构成的开关控制电路；三个与非门电路组成的反相、逻辑判断电路。

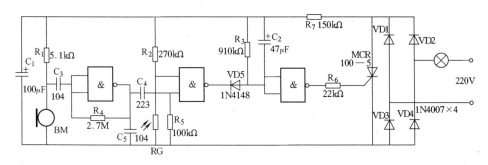

图 6-22　声光延时路灯控制电路

2. 工作原理

白天，由于光敏电阻 RG 受到光线的照射，其阻值小与非门 F2 的⑥脚呈低电位，④脚呈高电位，VD5 截止，F3 的⑫脚呈高电位，F3 的⑪脚呈低电位，单向可控硅 MCR 无触发电压而关断，灯 H 不亮。

天黑时，由于光敏电阻 RG 受到光线的照射量小，其阻值大，与非门 F2 的⑥脚呈高电位，F2 处于预备状态，此时若驻极体传声器 BM 接受到外界声音时，信号经 C_3、F1、C_4 到达 F2 的⑤脚，使⑤呈高电位，④脚低电位，VD5 导通使 F3 的⑫脚呈低电位，F3 的⑪脚呈高电位，单向可控硅 MCR 因有触发电压而导通，灯 H 亮。同时电容 C_2、R_3 回路开始放电，随着放电进行，F3 的⑫脚电位不断升高，经过约 40～50s 的延时后达到高电位，使 F3 的⑪脚又呈低电位，单向可控硅 MCR 因控制极无触发电压，可控硅在过零时自然关断，灯 H 熄灭。

6.7.3 用 EWB 进行模拟、分析、验证

用 EWB5.12 对电路进行仿真实验，电路如图 6-23 所示，与非门电路选用 74LS00 集成块。由于在 EWB5.12 中没有驻极体传声器和光敏电阻，图中驻极体传声器 BM 用音频信号源输入代替，当有声音时从 3、4 两端输入 50mV、1000Hz 的音

频信号。光敏电阻用一个电阻阻值为 5kΩ 的 R 和一个 47kΩ 的电位器代替（注意阻值变化范围为 0~47kΩ）接在 1、2 两端。灯 H 用 1.5kΩ 的电阻代替，并用一个 1A 电流表检测开关是否接通，将它们串联在 5、6 两端。具体实验步骤和方法前面实训课题已有详细介绍，在此就不再费笔。

经过实验、调试，确定出各个元器件的合理参数和电路的工作原理。

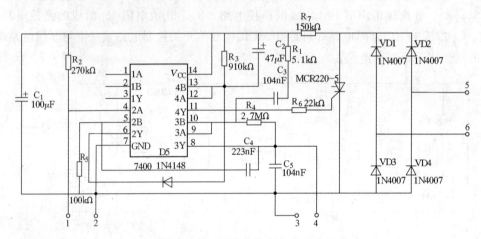

图 6-23 声光延时路灯控制仿真实验电路

6.7.4 元器件的选择

电路中与非门可以选用 CD4011 或 74LS00 集成块，但要注意它们管脚的不同；R_1~R_7 均采用 1/8W 的五环色环电阻；C_1、C_2 用铝电解电容，耐压不低于 16V，C_3、C_4、C_5 采用瓷介电容；MCR 选用耐压在 400V、电流 1A 以上的单向可控硅（如 MCR100-5、MCR100-6 等）；实验灯泡用~220V、40W 的灯泡（不能用日光灯）；R_3 的阻值可由延时时间（40~50s）调试后确定。

6.7.5 在实验板上组装电路、调试

有条件的学校可以先在面包板上按图 6-23 所示连接好电路进行实验。为了人身安全，同学们一定要注意~220V 直接整流的高电压，最好是在有保护措施的实验室或实验台上完成。

6.7.6 制作印制电路板

1. 用 Protel99se 软件设计印制电路板

（1）用 Protel99se 按图 6-22 画出原理电路图。

（2）从原理图生成印制电路板图。

1）板层与参考尺寸为：单层；40mm×30mm。

2）元器件的布置参考图 6-23。

3）其他参数：

线宽：1mm。

焊盘尺寸：220V 接线座的焊盘孔直径 2mm，外径 4mm；其他焊盘尺寸选择默认数据（孔直径 0.8mm，外径 1.9mm）。设计和生成 PCB 图如图 6-24 所示。

要求同学们按自己动手设计、制作的印制电路板安装，图 6-24 仅供参考。

2. 制作印制电路板

前面课题中已详细介绍了制作方法和步骤，请大家参考。因电路不太复杂，建议大家采用"描图上漆法或蜡纸刻板法"制作。

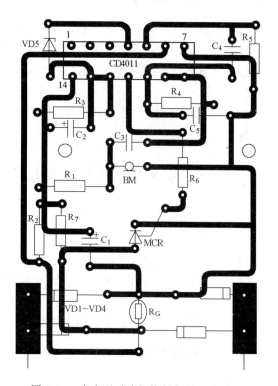

图 6-24 声光延时路灯控制印制电路板图

6.7.7 安装与调试

1. 安装

（1）元器件测试。元器件使用前，要检查每一个元器件的质量，用万用表的欧姆挡检查一下电阻、电容、二极管、可控硅的好坏。连接一简单的电路检查一下 CD4011 的逻辑功能是否正常，检测集成块的好坏。集成块最好不要直接焊接在印制电路板上，用集成块管座来焊接，然后插上集成块，安插时应特别注意集成块的管脚顺序。

（2）安装注意事项。电阻器采用卧式安装。电容、二极管、可控硅的引脚极性不要弄错，集成电路引脚不要插反。光敏电阻和驻极体传声器的管脚应留得较长，以便在安装上外壳时能调整到合适的位置，取得更好的声控和光控效果，但要注意用绝缘套管，避免发生短路现象。

2. 调试

按实际安装位置连好线路即可，一般不需要调试。若要改变延时时间，可改变 R_3 的阻值，时间太短时，增大 R_3；太长时，减小 R_3。

6.7.8　制作要点与说明

（1）根据以往实训的结果来看，集成块中各与非门的管脚搞错，以至于印制电路板设计错误，造成制作失败或电路故障。

（2）元器件管脚判断并焊接错误造成电路故障的较多，尤其是可控硅管脚的错误。

（3）调试时应在光线较暗的地方才能进行，但同时又要注意安全，最好是在实验室里将窗帘拉上后进行。

6.8　可调直流稳压电源的设计和制作

6.8.1　实训目的

（1）加深对串联型直流稳压电源的工作原理的理解。

（2）学习电子电路的安装、制作的基本知识和技能，了解电子产品的生产过程及工艺。

（3）掌握串联型直流稳压电源的调整和测试方法。

6.8.2　电路与工作原理

1. 电路

各种电子线路中都需要用到直流稳压电源提供电压。直流稳压电源组成类型繁多，本节介绍应用较为广泛的三端可调正压集成稳压器 LM317，来制作一个稳压电源。

三端可调正压集成稳压器的品种较多，三端指的是电压输入端，电压输出端和电压调整端，正压指的是输出正电压。国际流行的正压输出稳压器有 LM117/217/317 系列、LM123 系列、LM140 系列、LM138 系列和 LM150 系列等。以上集成稳压器命名方法无明显规律，其封装也各不相同。最典型的产品是 LM317，其符号和引脚位置如图 6-25 所示。LM317 的输出电压在 1.25～18V 之间可调，所输出电流可达到 1.5V。

利用三端可调正压集成稳压器 LM317 的组成的直流稳压电源电路如图 6-26

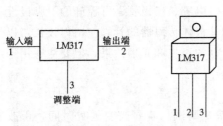

图 6-25　LM317 的符号和引脚

所示。

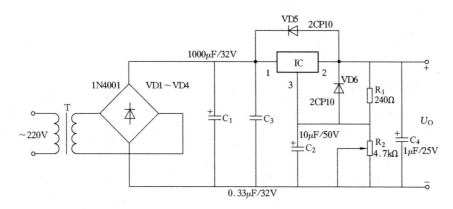

图 6-26　LM317 集成稳压器组成的直流稳压电源电路

2. 工作原理

电阻 R_1 接在稳压器的输出端 2 和调整端 3 之间，其两端电压固定在 1.25V（U_{REF}）。电阻 R_2 接在稳压器的调整端与电源地端之间。流过 R_2 的电流包括两部分：一部分是流过 R_1 的电流，另一部分是稳压器调整端流出的电流 I_A。这两个电流在 R_2 上产生的总电压降为

$$U_{R2} = (I_{R1} + I_A)R_2$$

而加在负载两端的电压则等于电阻 R_1、R_2 上的电压之和，即

$$U_O = I_{R1}R_1 + I_{R1}R_2 + I_A R_2$$

由于稳压器的调整端电流 I_A 仅有 50μA，而且非常稳定，而 $I_{R1} = U_{REF}/R_1 = 1.25V/240Ω = 5mA$，显然 $I_{R1} \gg I_A$，因而可将上式中的 $I_A R_2$ 忽略不计，简化为

$$U_O = I_{R1}R_1 + I_{R1}R_2$$

而　　　　　　　　　　$$I_{R1} = U_{REF}/R_1$$

因此　　　　　　　　$$U_O = R_1 \times U_{REF}/R_1 + R_2 U_{REF}/R_1$$
$$= U_{REF}(1 + R_2/R_1)$$
$$= 1.25(1 + R_2/R_1)$$

从以上公式可以看出，把 R_1 固定，调节电阻 R_2 即可改变稳压器的输出电压 U_O。稳压器 LM317 可稳定工作在最大输出电压不超过 18V 的情况下。固定电阻 R_1 用 240Ω，调节电阻 R_2 用 0～4.7kΩ，就能从输出端得到 1.25～18V 的连续可调电压，输出电流可达 1.5A。

3. 设计指标要求

（1）输入交流电压：～220V±10％，50Hz。

（2）输出直流电压：1.5～18V，连续可调。

（3）输出最大电流：1.5A。

（4）稳压系数：$S_u < 0.1$。

（5）内阻：$r < 0.2\Omega$。

6.8.3 元器件的选择

现将稳压器外接元器件的作用和数值简介如下：

R_1 是稳压器的外接取样电阻。由于 LM317 的最小负载电流是 5mA，为了能保证定点，R_1 的最大值为 $R_{1(max)} = U_{REF}/5mA = 250\Omega$，实取 R_1 数值是 240Ω。

R_2 是稳压器的外接可调取样电阻。当 R_1 确定之后，为了使输出电压 U_0 在 1.25～18V 之间连续可调，R_2 的变化范围应在 0～4.7kΩ 的可变电阻。电阻 R_1 和 R_2 均应选用阻值精确、温漂较小、种类相同的电阻，以使稳压器具有较高的性能，并能保证输出电压的质量。

C_1 是整流滤波电容，一般可选用 1000μF 的电解电容，耐压须大于 32V。

C_2 是为了要减小取样电阻 R_2 两端的波纹电压而设置的旁路电容。由于 R_2 上的电压是输出电压的组成部分，再加上电容 C_2 之后，可以有效减小输出纹波电压。C_2 容量取 10μF，其耐压要大于 50V。

C_3 是稳压器输入端的滤波电容，可选用 0.33μF，耐压 32V 的涤纶电容。

C_4 的作用是用来防止输出端呈容性负载时可能会出现的自激现象，当稳压器发生自激时，会失去稳压能力。C_4 一般使用 1μF 钽电容或 25μF 的铝电解电容，耐压要大于 25V。

VD5 是保护二极管，可先用 2CP10，用来防止当输入端发生短路时，因 C_4 放电而造成稳压管内部调整管的损坏。如果输入端不会出现短路也可不用 VD5。

VD6 也是保护二极管，当接上电容 C_2 后，可以减小输出端的波纹电压。当外接取样电阻 R_2 上的电压超过 7V 时，一旦输出端出现短路，电容 C_2 就会通过稳压器的调整端向输出端放电，稳压器中的放大管的 BE 结有可能会遭到损坏，而在调整端与输出端之间接上了 VD6 后，在正常情况下，VD6 反偏，不起作用，当输出端出现短路时，VD6 因正偏而导通，为 C_2 提供了放电回路，从而保护了放大管。VD6 可选用与 VD5 性能相近的二极管。如果 C_2 的容量比较小，也可不用 VD6。

6.8.4 在实验板上组装电路、调试

（1）在面包板上按图 6-25 所示连接好电路进行实验。为了人身安全，同学们一定要注意～220V 直接整流的高电压，最好是在有漏电保护措施的实验室或实验台上

完成。

（2）将电网电压由 200～240V 变化，记录下对应直流输出电压的变化；将输出直流电压调到 5V，输出端分别接上 100Ω 和 10kΩ 负载，测出对应的输出直流电压；分别计算出对应的稳压系数 S_u 和内阻 r，对照设计指标要求看是否符合；若达到要求则结束实验，否则需继续调整元件参数直至达到要求。

6.8.5 制作印制电路板

1. 用 Protel99se 软件设计印制电路板

（1）用 Protel99se 按图 6-25 画出原理电路图。

（2）从原理图生成印制电路板图。

1）板层与参考尺寸为：单层，70mm×50mm。

2）元器件的布置参考图 6-26。

3）其他参数：

线宽：1mm。

焊盘尺寸：220V 接线座的焊盘孔直径 2mm，外径 4mm；其他焊盘尺寸选择默认数据（孔直径 0.8mm，外径 1.9mm）。

设计和生成 PCB 图如图 6-27 所示。

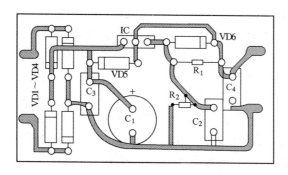

图 6-27 稳压电源的印制电路板图

2. 制作印制电路板

前面课题中已详细介绍了制作方法和步骤，请大家参考。

6.8.6 安装与调试

1. 安装

用 LM317 三端可调集成稳压器制作稳压电源时，要注意以下几点：

（1）为了使集成稳压器的优良性能得到充分的发挥，保证稳压器正常工作，要将稳压器安装在适当的散热片上，如 LM317 的散热面积一般不应小于 $100mm^2$，而且不可使稳压器输入与输出的压差超过允许值，以免造成稳压器的损坏。

（2）要正确连接好取样电阻 R_1 和 R_2。因为稳压器是靠外接取样电阻来给定输出电压，所以 R_1 和 R_2 的连接是否正确会直接影响稳压性能。在焊接电路时，应让 R_1 尽可能接近稳压器的调整端与输出端之间，否则，当输出端流过大电流时，将会在线路上产生附加的电压降，使输出电压不稳定。R_2 的接地点应该和负载电流返回的接地点相同，否则，R_2 上的电压降附加的地线上的电压降，也会引起输出电压的不稳定。R_1 和 R_2 应选用阻值精度高、材料相同的电阻，以保证输出电压的稳定度和精确度。

（3）应特别注意 4 个整流二极管和电容 C_1 的极性不能接反，整流二极管如果接错可能会烧毁集成稳压器甚至烧毁电源变压器。电容 C_1 的极性如果接反有可能会使电容爆裂。

（4）在外接电路全部接好后，应首先检查各个元器件本身是否完好，连接是否正确，有无虚焊、错焊或短路之处。在上述各点都检查正确之后，方可通电，进行下一步的检查与调试。

2. 调试

（1）当确认电路无误时进行通电试验。观察电路有无冒烟、焦糊味、放电火花等异常现象，如果有，立即切断电源，查出原因。如无异常现象，可用万用表的交流电压挡测量变压器初级电压，应为 220V 左右，次级电压应为 18V 左右，用直流电压挡测整流滤波后的直流输出电压为 22V 左右。

（2）输出电压 U_O 和输出电压调节范围。调节电位器 R_2，U_O 可在 $1.25\sim18V$ 内连续可调，若调节范围达不到要求，应重新调整 R_2 和 R_1 的阻值。

（3）输出电流 I_O 的调整。调节 R_2，使 $U_O=4.5V$，改变负载电阻 R_L，使输出电流分别为 100mA 和 1.5A，此时 LM317、变压器等元器件应无异常现象发生。

3. 常见故障分析与检修

如果电路工作不正常，则可用下面的方法进行检修。现将常见的故障现象及其排除方法列举如下：

（1）二极管冒烟；变压器发热；无输出电压或输出电压很低；电流很大。说明有短路故障，可能是：二极管极性接反（自行分析二极管分别接反时产生的结果）；滤波电容 C_1 或 C_4 极性接反（注意：此时还可能导致电容器爆炸）。

（2）输出电压很低，电流很小：

若测得 $U_O=8V$，则可能有一个或两个二极管以及滤波 C_1 脱焊，成为半波整流。

若测得 $U_O = 16V$，则可能滤波电容脱焊，成为全波整流。

若测得 $U_O = 18V$，则可能有一个或两个二极管脱焊，成为半波整流电容滤波。

若测得 $U_O = 25V$，则可能三端稳压器的输入端脱焊。

（3）调节 R_2 不起作用，测得 $U_O = 21V$，说明二极管 VD5 接反。

（4）调节 R_2 不起作用，测得 $U_O = 1.25 \sim 18V$ 之间的某一数值，则可能：VD6 接反；R_2 滑动点焊片虚焊或脱焊；R_2 已坏；R_1 变质。

（5）输出电压中有高频寄生振荡则可以在输出端接 $0.1 \sim 1\mu F$ 电容，消除自激振荡。

从以上故障现象的观察、分析和排除过程可以看出，元器件的质量检查是基本要求，焊接技术是关键所在。观察现象，掌握规律，总结经验都必须通过实践来完成。这种实践还必须是理论指导下的实践，不能盲目地东敲西打，乱拆乱换。

6.8.7 制作要点与说明

1. 直流稳压电源调试方法说明

直流稳压电源一般采用逐级调试法。稳压电源由变压、整流、滤波和稳压 4 个部分组成。在条件允许的情况下，可将各级连接处断开。先调试变压级，若变压级正常，将整流级连接上再进行调试，然后依次调试滤波、稳压电路，直到全部正常。

若断开各部分电路有困难，也可逐级检测输入、输出电压来判断电路工作是否正常，但在分析判断时，需考虑前后级间的相互影响。

调试时一般是用万用表测量各级的输入、输出电压值及用示波器观察各级输入、输出波形。若数值与波形与理论分析符合，说明电路工作正常。如不符合，则说明有故障存在，需检查电路是否正确，器件是否损坏，连接是否有断线等，查出故障部位并分析原因，排除故障，使电路达到正常工作状态。

测试时应注意：

（1）注意选择万用表的挡位，测整流电路输入端之前应为交流挡，整流后用直流挡。

（2）示波器应正确选用 Y 轴输入耦合开关的挡位，测整流电路前的波形时，需将耦合开关置于"AC"挡位，测整流后各级电路波形时应置"DC"挡。

2. 直流稳压性能指标的测量要点

（1）最大输出电流与输出电压的测试。最大输出电流是指稳压电源正常工作的情况下能输出的最大电流，用 I_{OM} 表示。输出电压是指稳压电源中稳压器的输出电压。

测试方法：在稳压器的输出端接负载电阻 R_L，使 $R_L = U_O/I_O$，调节变压器一次绕组输入电压 U_i 到 220V，测出 U_O，即为输出电压值。再调节 R_L，使之逐渐减小，直到 U_O 值下降 5%，此时 R_L 负载中的电流即为 I_{OM}。在上述测试时，为提高测试精度，减小误差，应用直流数字电压表测量；在测 I_{OM} 时，记下 I_{OM} 后应迅速增大 R_L 以减少稳压器功耗。

（2）稳压系数 S_u 测试。稳压系数是表征稳压电源在电网电压变化时，输出电压稳定能力的参数，即输出电流不变时，输出电压相对变化量与输入电压相对变化量之比。

由于工程中常把电网电压波动 $\pm 10\%$ 作为测试条件，因此，将该条件下的输出电压的相对变化量作为衡量指标。

测试方法如下：先调节负载电阻 R_L，使达到满负荷后保持不变，然后调节自耦变压器，使输入电压 $U_i = 242V$，测试此时输出电压记为 U_{O1}；再调节自耦变压器，使输入电压 $U_i = 198V$，测试此时输出电压记为 U_{O2}；然后再测出 $U_i = 220V$ 时对应的输出电压 U_O，用稳压系数公式计算 S_u。

为提高测量精度，输出电压需用直流数字电压表测量。

（3）纹波电压的测量。稳压后输出直流电压中，仍含有交流成分，纹波电压是指叠加在输出电压上的交流分量。纹波电压为非正弦量，常用其峰—峰值来表示 $\Delta U_{O(P-P)}$，一般为毫伏级。可用示波器进行测量。测量方法是将示波器 Y 轴输入耦合开关置于"AC"挡，选择适当 Y 轴灵敏度旋钮挡位，便可清晰观察到脉动波形，从波形图中读得峰—峰值。

附录1 TTL部分数字集成电路引脚排列

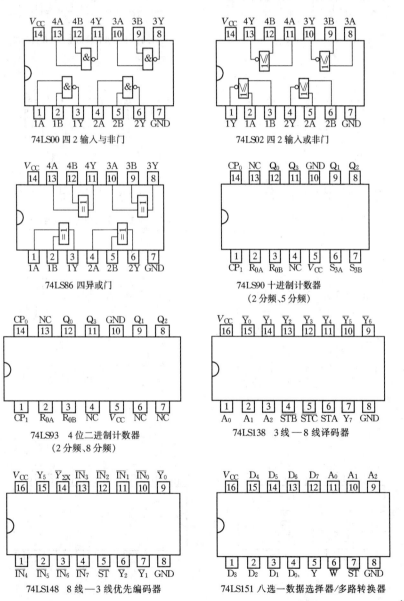

74LS00 四2输入与非门

74LS02 四2输入或非门

74LS86 四异或门

74LS90 十进制计数器
（2分频、5分频）

74LS93 4位二进制计数器
（2分频、8分频）

74LS138 3线—8线译码器

74LS148 8线—3线优先编码器

74LS151 八选一数据选择器/多路转换器

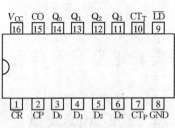

74LS160/163 4 位可预置二进制计数器

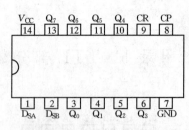

74LS164 8 位并行输出串行移位寄存器

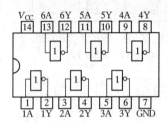

74LS04 六反相器

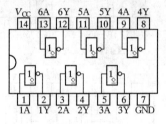

74LS07 六缓冲器/驱动器(OC)

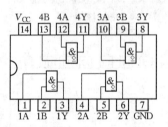

74LS09 四 2 输入与门(OC)

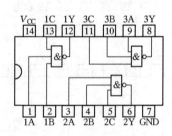

74LS10 三 3 输入与非门

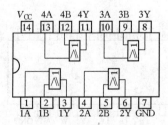

74LS32 四 2 输入或门

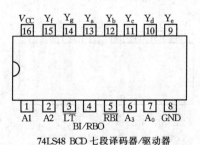

74LS48 BCD 七段译码器/驱动器

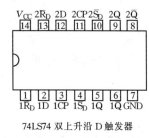

74LS74 双上升沿 D 触发器

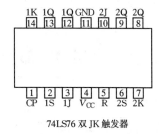

74LS76 双 JK 触发器

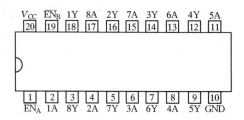

74LS244 八缓冲器

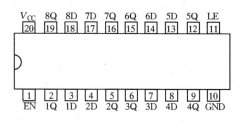

74LS279 四 RS 锁存器

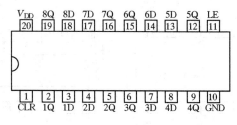

74LS373 八 D 锁存器

附录2　CMOS部分数字集成电路引脚排列

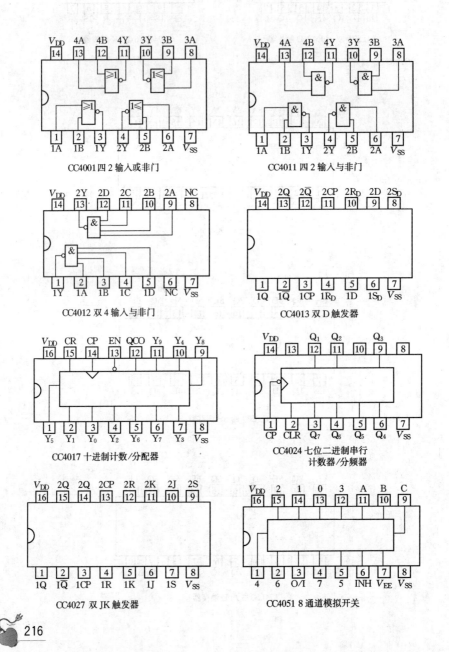

CC4001四2输入或非门

CC4011 四2输入与非门

CC4012 双4输入与非门

CC4013 双D触发器

CC4017 十进制计数/分配器

CC4024 七位二进制串行
计数器/分频器

CC4027 双JK触发器

CC4051 8通道模拟开关

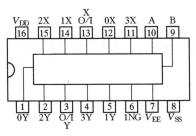

CC4052 四选一模拟开关

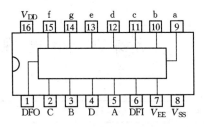

CC4055 BCD 七段译码/驱动器

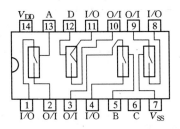

CC4066　4 双向模拟开关

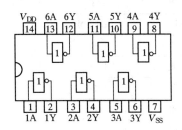

CC4069 六反向器

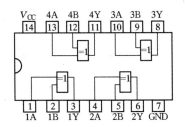

CC4070 四异或门

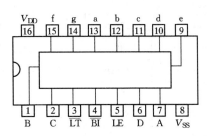

CC4511 BCD 七段锁存/译码/驱动器

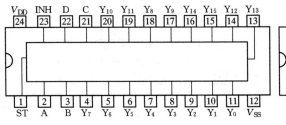

CC4514　4—16 线译码器

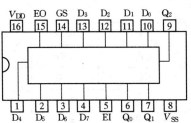

CC4532 8—3 线优先编码器

附录3 小电视机材料清单

序号	名 称	规 格	单机用量	位 号	备 注
1	电阻	1Ω	3	R_{34}、R_{35}、R_{36}	
2	电阻	1.5Ω	1	R_{38}	
3	电阻	4.7Ω	1	R_{26}	
4	电阻	8.2Ω1/2W	2	R_{37}、R_{41}	
5	电阻	15Ω	1	R_{18}	
6	电阻	18Ω	1	R_{2}	
7	电阻	39Ω	2	R_{1}、R_{58}	
8	电阻	56Ω	2	R_{11}、R_{57}	
9	电阻	100Ω	4	R_{31}、R_{42}、R_{47}、R_{49}	
10	电阻	120Ω	3	R_{4}、R_{42}、R_{53}	
11	电阻	150Ω	4	R_{29}、R_{39}、R_{48}、R_{68}	
12	电阻	270Ω	2	R_{24}、R_{32}	R_{24}用1kΩ字符上
13	电阻	330Ω	2	R_{55}、R_{62}	
14	电阻	470Ω	2	R_{3}、R_{33}	
15	电阻	560Ω	2	R_{15}、R_{69}	R_{69}用680Ω字符上
16	电阻	680Ω	2	R_{9}、R_{52}	
17	电阻	1k	3	R_{17}、R_{54}、R_{63}	
18	电阻	1.5k	2	R_{27}、R_{51}	
19	电阻	2.2k	1	R_{71}	长小板
20	电阻	3k	1	R_{25}	
21	电阻	3.9k	2	R_{28}、R_{30}	
22	电阻	4.7k	2	R_{19}、R_{44}	
23	电阻	5.6k	2	R_{6}、R_{10}	
24	电阻	6.2k	1	R_{13}	用5.6kΩ字符上
25	电阻	7.5k	1	R_{12}	

序号	名 称	规 格	单机用量	位 号	备 注
26	电阻	9.1k	1	R_{50}	用 10kΩ 字符上
27	电阻	10k	2	R_5、R_7	
28	电阻	15k	1	R_{46}	
29	电阻	22k	2	R_{34}、R_{56}	
30	电阻	27k	1	R_{40}	用 22kΩ 字符上
31	电阻	56k	3	R_8、R_{60}、R_{65}	R_{60} 用 1kΩ 字符上
32	电阻	82k	1	R_{45}	
33	电阻	120k	2	R_{16}、R_{43}	
34	电阻	180k	1	R_{19}	
35	电阻	220k	1	R_{23}	用 120kΩ 字符上
36	电阻	330k	1	R_{59}	用 270kΩ 字符上
37	电阻	680k	1	R_{14}	
38	电阻	1.2M	1	R_{61}	或用 1.5M
39	电阻	2.2M	1	R_{67}	显像管座板上
40	瓷介	10P	1	C_1	
41	瓷介	12P	1	C_{45}	
42	瓷介	101P	1	C_{17}	
43	瓷介	331P	2	C_{19}、C_{20}	
44	瓷介	471P	3	C_{46}、C_{47}、C_{48}	
45	瓷介	681P	2	C_{16}、C_{28}	
46	瓷介	103P	16	C_2 大、C_4 大、C_{12} 大、C_{13} 大、$0C_1$、$0C_2$、$0C_3$、$0C_4$、C_6、C_8 ×2、C_9×2、C_{11}、C_{22}、C_{35}	
47	瓷介	473P	1	C_{18}	
48	瓷介	104P	1	C_{33}	
49	涤纶电容	222J	2	C_{24}、C_{36}	
50	涤纶电容	472J	1	C_{40}	
51	涤纶电容	103J	2	C_{15}、C_{60}	
52	涤纶电容	223J	1	C_{70}	
53	涤纶电容	273J	2	C_{29}、C_{39}	

序号	名　称	规　格	单机用量	位　号	备　注
54	涤纶电容	104J	1	C_{45}	
55	电解电容	$0.47\mu/50V$	2	C_{14}、C_{68}	C_{68} 用 1μ 字符上
56	电解电容	$1\mu/50V$	1	C_{62}	
57	电解电容	$2.2\mu/50V$	1	C_{41}	
58	电解电容	$3.3\mu/50V$	1	C_{71}	
59	电解电容	$4.7\mu/16V$	1	C_{30}	
60	电解电容	$4.7\mu/160V$	1	C_{56}	或用 $3.3\mu/160V$
61	电解电容	$6.8\mu/50V$	1	C_{37}	无极性电解
62	电解电容	$10\mu/16V$	7	C_{10}、C_{18}、C_{20}、C_{28}、C_{38}、C_{53}、C_{69}	或用 $10\mu/25V$
63	电解电容	$100\mu/16V$	4	C_5、C_7、C_{32}、C_{55}	
64	电解电容	$100\mu/25V$	1	$0C$	
65	电解电容	$220\mu/16V$	4	C_{42}、C_{43}、C_{44}、C_{63}	
66	电解电容	$220\mu/25V$	1	C_{54}	
67	电解电容	$470\mu/16V$	2	C_3、C_{23}	
68	电解电容	$1000\mu/16V$	1	C_{31}	
69	电解电容	$2200\mu/10V$	1	C_{34}	
70	电解电容	$2200\mu/25V$	1	C_{29}	
71	二极管	IN5399	5	VD1、VD2、VD3、VD4、VD5	或 IN4007
72	二极管	IN4148	4	VD8、VD6、VD7、VD13、VD5	
73	二极管	FR155	3	VD9、VD10、VD14	或 FR157
74	发光二极管	$\phi2$ 红色	1	LED	
75	稳压二极管	6.2V0.5W	1	VZ1	
76	稳压二极管	36V0.5W	1	VZ2	或用 IN5257B
77	三极管	D880	2	VT2、VT10	或用 D326
78	三极管	C1815	5	VT13、VT3、VT4、VT5、VT9	或用 C945
79	三极管	8050	2	VT6、VT11	
80	三极管	8550	2	VT7、VT12	
81	三极管	2N5551	1	VT8	

续表

序号	名　称	规　格	单机用量	位　号	备　注
82	三极管	C9018	1	VT1	
83	跳线	5mm	2	C_{12} 与 C_{36} 之间、小板 D6	
84	跳线	10mm	8	J2、 J3、 J4、 J5、 J7、 J10、J15、R_{66}	
85	跳线	15mm	1	J5	
	1~85 序号的元器件已经装入①号塑料袋之中				
86	可调电阻	卧式 500Ω	1	R_{W5}	
87	可调电阻	卧式 1k	1	R_{W4}	
88	可调电阻	卧式 10k	1	R_{W7}	
89	调谐电位器	100k	1	TUN	长小板
90	音量电位器	10k	1	VOL	长小板
91	电位器（矮脚）	2k	1	对比度用	
92	电位器（矮脚）	33k	1	场频用	或用 100k
93	电位器（矮脚）	1M	1	亮度用	
94	电源自锁开关		1	POWER	
95	AV/TV 转换开关		1	AV/TV	
96	拨段开关	2P3T	1	SW	
97	三端滤波器	6.5M	1	Y1	
98	声表面	3811	1	SBM	
99	XP38M	38M	1	38M	或视频中周 38M
100	音频中周	6.5M	1	6.5M	
101	色环电感	6.8UH	1	L_2	
102	DC 插座	$\phi 6mm$	1	DC	
103	AV 插座	红、黄	2		
104	显像管座	7 针	1		
105	外接天线插座		1		
106	带线保险丝	2A	1	FUSE	
107	散热片	50×35mm	1		
108	针座	2P	3		
109	针座	4P	2		

序号	名　称	规　格	单机用量	位　号	备　注
110	螺钉	PWA3.5×16	6		
111	螺钉	PA3×12	4		
112	螺钉	PA3×15	2		
113	螺钉	PA3×8	12	4个已用在后盖上	
114	螺钉	PWM3×8	1	固定拉杆天线	
115	热缩管		2	用在变压器线上套管	1小段
116	线扎		1	扎变压器导线	
117	接地爪		1	用显像管上	
	86～117序号的元器件已经装入②号塑料袋之中				
118	集成块	2915	1	IC1	
119	高频头	TDQ4D	1	TDQ	
120	显像管塑料架		1		
121	高压包、偏转线圈		1对		
122	喇叭	8Ω1W 内磁	1		
123	电源线	1.8 带线卡	1		
124	拉杆天线		1		
125	线路板		1套		
126	排线	4芯、13cm 一端带插头	2	偏转线圈、显像管座线	
127	排线	5芯、9cm	2	长小板与大板连接线	
128	排线	18cm 一端带插头	1	显像管接地线	
129	排线	2芯、23cm 一端带插头	1	喇叭线	
130	排线	单芯、20cm 一端带插头	1	接天线	
131	显像管	5.5″	1		
132	变压器	14V−1A	1		
133	塑料壳		1套		

参 考 文 献

[1] 魏群. 怎样选用无线电电子元器件. 北京：人民邮电出版社，2003.

[2] 陈炜，钟实，洪明，隋元. 精选家用电子制作电路300例. 北京：人民邮电出版社，2003.

[3] 黄智伟. 基于 Multisim 2001 的电子电路计算机仿真设计和分析. 北京：电子工业出版社，2004.

[4] 朱运利. EDA 技术应用. 北京：电子工业出版社，2004.

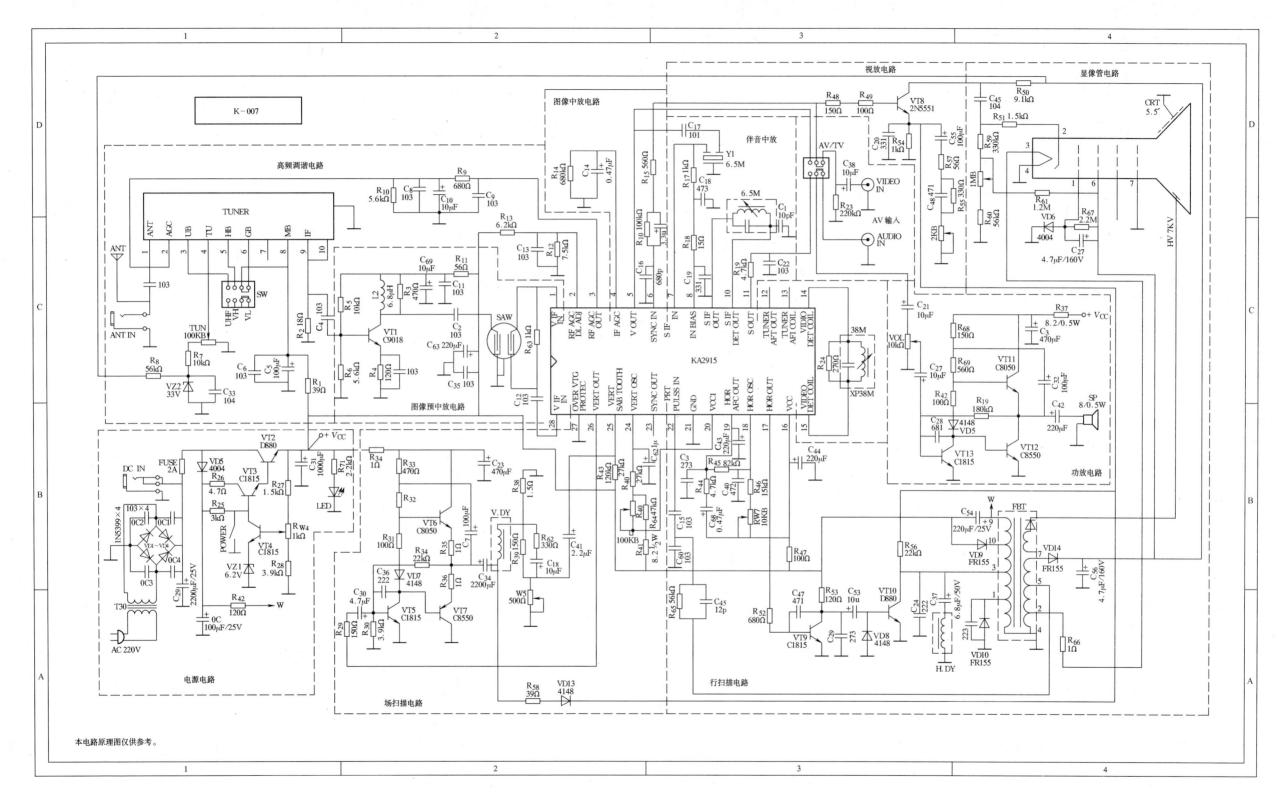

电 视 机 总 电 路 图